普通高等教育"十二五"规划教材

# 城市地下空间开发利用与规划设计

代朋 等 编著

中国水利水电出版社
www.waterpub.com.cn

# 内 容 提 要

  本书对城市地下空间开发利用与规划设计的指导思想、规划内容、规划方法等方面进行了较为详尽的阐述，全书共分为9章，即导论、城市地下空间规划的基础资料和现状调查、城市地下空间的总体布局与形态、城市中心区地下空间规划与设计、城市下沉广场规划与设计、城市居住区地下空间规划与设计、城市地下交通系统规划与设计、城市地下市政公用设施系统规划、其他城市地下空间利用形式简介。

  本书在编写过程中尽量结合我国城市地下空间规划与设计方面的实际情况，结合本领域最新的规划设计理念和方法，在对基本理论、基本知识阐述的同时，在工程实践方面进一步加强与深化，以利于理论和实践有机结合。

  本书可作为建筑学、城市规划与设计、城市地下空间工程、土木工程等专业和相关专业的教材及教学参考书，也可供上述专业工程技术人员、管理人员在工作中参考。

**图书在版编目（CIP）数据**

城市地下空间开发利用与规划设计/代朋等编著
.—北京：中国水利水电出版社，2012.1（2017.8重印）
普通高等教育"十二五"规划教材
ISBN 978-7-5084-9427-2

Ⅰ.①城… Ⅱ.①代… Ⅲ.①城市规划-地下建筑物
-开发规划-高等学校-教材 Ⅳ.①TU984.11

中国版本图书馆 CIP 数据核字（2012）第 010863 号

| 书　　名 | 普通高等教育"十二五"规划教材<br>**城市地下空间开发利用与规划设计** |
| --- | --- |
| 作　　者 | 代朋 等 编著 |
| 出版发行 | 中国水利水电出版社<br>（北京市海淀区玉渊潭南路 1 号 D 座　100038）<br>网址：www.waterpub.com.cn<br>E-mail：sales@waterpub.com.cn<br>电话：(010) 68367658（营销中心） |
| 经　　售 | 北京科水图书销售中心（零售）<br>电话：(010) 88383994、63202643、68545874<br>全国各地新华书店和相关出版物销售网点 |
| 排　　版 | 中国水利水电出版社微机排版中心 |
| 印　　刷 | 北京瑞斯通印务发展有限公司 |
| 规　　格 | 184mm×260mm　16 开本　9.75 印张　231 千字 |
| 版　　次 | 2012 年 1 月第 1 版　2017 年 8 月第 3 次印刷 |
| 印　　数 | 6001—9000 册 |
| 定　　价 | **24.00 元** |

# 前　言

　　本书的编写源于编者所教授的城市规划、建筑学、城市地下空间工程、土木工程等本科专业开设的相关课程，经过 10 余年的相关教学工作，积累了些许经验，同时也觉得应该编写一本能适合本科生教学的教材，在参考了大量相关著作和学术论文后，最终完成了全书的编写工作。

　　我国大部分城市建设的最佳发展模式应该是"紧凑而生态"的，当城市建设的高度和密度都受到限制、经济实力得到增强、技术水平足够解决遇到的难点时，对城市进行地下空间的开发，实现土地的集约化利用和"三位一体"的立体化开发就成为可能。本书的编写充分关注了城市地下空间开发利用的主要方式以及规划设计的基础理论和实践。此书的形成，要感谢许多教授、学者们在此领域作出的贡献，书中借鉴和参考了他们的研究成果，在此一并表示感谢，他们是：钱七虎院士、童林旭教授、王文卿教授、陈志龙教授、王玉北教授、束昱教授等。另外，参加本书编写的还有贾琼、赵景伟、吕京庆、王进、耿庆忠、夏岩妍、王强、赵斌等，在此也感谢他们为本书编写付出的努力。

　　感谢山东科技大学教育教学"群星计划"项目的支持。

　　感谢天津大学接收我为访问学者，使本人有充足的时间和精力完成本书的编写工作。

　　由于我国的城市地下空间开发利用和规划设计还没有到高度发达阶段，所以理论和实践还以借鉴发达国家的经验为主，在教学和编写教材的过程中，总有力不从心和知识水平有限的感觉，书中如有不完善、缺陷和错误之处，敬请广大读者批评指正。

编　者

2011 年 11 月

# 前　言

# 目 录

# 第1章 导 论

中国国务院原副总理曾培炎曾就建设节约型城市提出了节地、节能、节水的要求。我国人均资源相对贫乏，石油、天然气、可耕地和水资源人均拥有量仅为世界人均值的 1/9、1/23、31％和 1/4。但要保障 13 亿人口大国的粮食安全，没有足够的土地支撑是不行的，要建成全面小康社会、富裕发达国家，实现工业和交通现代化，搞城市建设提高城市化水平，没有足够的土地、能源、水资源的支撑同样也是不行的。如何走出一条具有中国特色的资源节约型城市道路，成为我国城市建设面临的重大课题。解决该课题的关键在于运用先进的规划理论、先进适用的科学技术来进行城市规划、建设、运营，其中一个重要的方面是应该和必须充分开发利用地下空间。

"19 世纪是桥的世纪，20 世纪是高层建筑的世纪，21 世纪则是开发利用地下空间的世纪"。在 21 世纪的第一个 10 年里，中央遵循科学发展观，提出了构建资源节约型、环境友好型社会。

1991 年东京"城市地下空间利用"国际学术会议通过的《东京宣言》提出：21 世纪是人类地下空间开发利用的世纪。城市发展空间由地面及上部空间向地下延伸，是世界城市发展的必然趋势，"向地下要土地、要空间已成为城市历史发展的必然"。而地下空间开发利用容量决定了城市地下空间的开发利用模式、规模和可持续性，适度、合理、科学地开发利用城市地下空间资源，是城市可持续发展的重要保障。进行城市地下空间的开发是改善城市环境、缓解城市交通压力、提高城市集约化程度、保障城市人防安全的重要手段，也是城市发展的必由之路。21 世纪必将是城市地下空间建设蓬勃发展的世纪，对城市地下空间领域的研究与开发，具有极其重要的意义。

"紧凑而生态"的发展模式是我国大部分城市建设的最佳途径，当建设的高度和密度都受到限制、经济实力得到增强、技术水平足够解决遇到的难点，对城市地下空间的开发，实现土地的集约化利用就成为可能。"低碳"是我们解决生态环境问题的最直接、最有效的方式，是建设生态城市的最有效途径。"低碳城市"是以城市空间为载体，发展低碳经济，实施绿色交通和建筑，转变居民消费观念，创新低碳技术，从而达到最大限度地减少温室气体排放的城市。"地上地下一体化"开发的城市模式从以下三个方面实现减碳：一是修建地下快速道路，通过地下可以解决一氧化碳的排放，在地下汽车的尾气可以收集、处理，改善环境的同时，可降低一氧化碳的排放；二是构建地下物流系统，地下物流系统可以有效减少氮氧化物和二氧化碳的排放量；三是地下建筑对节能减排的效果相当明显，美国波士顿、盐湖城等地区已有成功案例。

近年来自然灾害的频繁发生，给城市建设和人们的生活带来了极大的伤害，造成了巨大的经济损失，2008 年 1～2 月中国南方雪灾和 5 月 12 日四川汶川的地震灾害，都提醒我们在城市建设上要提高应对能力，而城市地下空间的开发利用正是一个很好的解决问题的途径。

　　城市空间分为上部空间、地面空间和下部空间（即地下空间），城市空间三位一体开发是 20 世纪后半叶以来旧城改造和新城建设所取得的重要成果。近几年，我国一些大城市已经认识到把城市地下空间开发利用规划作为现行城市总体规划的完善和补充的重要性和紧迫性，开始编制或准备编制城市地下空间规划，同时对城市地下空间的总体布局与形态、城市中心区地下空间规划与设计、城市下沉广场规划与设计、城市居住区地下空间规划与设计、城市地下交通系统规划与设计、城市地下市政公用设施系统规划等方面进行了许多有益的探索和实践。

# 1.1　城市地下空间开发利用的战略意义

　　地球表面以下是一层很厚的岩石圈，岩层表面风化为土壤，形成不同厚度的土层，覆盖着陆地的大部分。岩层和土层在自然状态下都是实体，在外部条件作用下才能形成空间。在岩层或土层中天然形成或经人工开发形成的空间称为地下空间。天然形成的地下空间，例如在石灰岩山体中由于水的冲蚀作用而形成的空间，称为天然溶洞。在土层中存在地下水的空间称为含水层。人工开发的地下空间包括利用开采后废弃的矿坑和使用各种技术挖掘出来的空间。在城市范围内开发的地下空间称为城市地下空间。地下空间的开发利用可为人类开拓新的生存空间，并能满足某些在地面上无法实现的对空间的要求，因而被认为是一种宝贵的自然资源。在有需要并具备开发条件时，应当进行合理开发与综合利用；暂不需要或条件不具备时，也应妥善加以保护，避免滥用和浪费。

　　建造在岩层或土层中的各种建筑物和构筑物，在地下形成的建筑空间，称为地下建筑。地面建筑的地下室部分也是地下建筑；一部分露出地面，大部分处于岩石或土壤中的建筑物和构筑物称为半地下建筑。地下构筑物一般是指建在地下的矿井、巷道、输油或输气管道、输水隧道、水库、油库、铁路和公路隧道、野战工事等。

　　地下建筑具有良好的防护性能，较好的热稳定性和密闭性，以及经济、社会、环境等多方面的综合效益。地下建筑处在一定厚度的岩层或土层的覆盖下，可免遭或减少包括核武器在内的各种武器的破坏作用，同时也能较有效地抗御地震、飓风等自然灾害和火灾、爆炸等人为灾害，地下建筑的密闭环境和周围存在着比较稳定的温度场。对于创造要求特别高的生产环境和储存物资的环境，都是很有利的。在城市中有计划地建造地下建筑，对节省城市用地，节约能源，改善城市交通，减轻城市污染，扩大城市空间容量，提高城市生活质量等方面，都可以起到重要的作用。此外，地下建筑也存在一定的局限性，例如缺少天然光线，与自然环境隔绝，建筑造价较高，施工比较复杂等。

　　在现代生产力和科学技术的推动作用下，人类正以前所未有的速度实现自身的巨大发展和进步，城市化水平的不断提高，城市数量和城市人口的不断增加是这种进步的重要标志之一，而这种发展的前提，就是必须有足够的土地资源、水资源和能源的支持。在世界自然条件日益恶化和自然资源渐趋枯竭的形势下，地下空间被视为人类迄今所拥有的尚未被开发的自然资源之一。在城市建设和发展领域，开发利用地下空间也显示出重要的战略意义，主要表现在以下三个方面。

### 1.1.1 地下空间与缓解生存空间危机

世界人口无节制的增加和生活需求无止境的增长与自然条件的日益恶化和自然资源的渐趋枯竭之间的矛盾反映在生存空间问题上，表现为日益增多的人口与地球陆地表面空间容纳能力不足的矛盾；在城市发展问题上，则表现为扩大城市空间容量的需求与城市土地资源紧缺的矛盾，这种现象称之为生存空间危机。

世界上每增加一个人，社会就需为其提供一定的生存空间和生活空间，生存空间包括生态空间，即生产粮食等生活必需品的空间；生活空间，指供人居住和从事各种社会活动的空间，如城镇、乡村居民点，以及铁路、公路、工矿企业等所占用的空间。这两类空间主要都是以可耕地为依托，故衡量生态空间质量的标准应当是单位面积耕地供养人口的能力，衡量生活空间质量的标准应当是在保证足够生态空间的前提下，人均占有城镇或乡村居民点用地面积和人口的平均密度。

从世界范围来看，在现有的 15 亿 $hm^2$ 耕地不再减少的情况下，如果 2150 年人口达到 150 亿，土地供养人口的能力将达到极限。我国人口占世界人口的 22%，而人均耕地面积仅为世界平均水平的 30%，即使按较低的粮食消费标准计，在现有 1 亿 $hm^2$ 耕地不再减少的前提下，每公顷可耕地年产粮能力必须达到 9600kg（合亩产 640kg），才能供养 16 亿人口（2050 年）。也就是说，我国的生态空间将在 2050 年前后达到饱和，比世界平均水平提前 100 年。事实上，要求可耕地不再减少是很困难的，仅 1993 年全国耕地减少量就相当于 13 个中等县的耕地面积。

从生活空间来看，要容纳不断增加的人口和使原有人口提高生活质量，也需要大量的土地。1987 年，全国生活空间用地占国土总面积的 6.9%，约为 66.2 万 $km^2$，其中包括城市用地和农村居民点用地。如果到 21 世纪中叶，我国国民经济总体上达到当时中等发达国家的水平，则城市化水平必须从 1990 年的 19% 提高到 65% 左右，即城市人口要从 2.1 亿增加到 10.4 亿，净增 8.3 亿人。以人均城市建设用地 120 $m^2$ 计，需要土地 10 万 $km^2$。如果进入城市的农村人口中有 20% 放弃在农村的居住用地，按人均用地 160 $m^2$ 计，可扣除用地 2.66 万 $km^2$，即总的生活空间用地需增加 7.34 万 $km^2$，约相当于台湾、海南两省面积的总和，这无疑将给我国本已十分有限的可耕地造成巨大的压力。因此，必须寻求在不占或少占土地的情况下拓展生活空间的途径，否则不但影响我国城市化的进程，制约国民经济的发展，而且必然导致生态空间的缩减，加剧生存空间的危机。

拓展人类的生存空间，有三种可供选择的途径：第一种是宇宙空间，虽然人类对宇宙空间已进行了初步的探索，但由于人类生存所必需的阳光、空气和水在宇宙其他星球上尚未发现，故大量移民几乎是不可能的；第二种是水下空间，海洋面积占地球表面积的大部分，海底均为岩石，地下空间的天然蕴藏量很大，但阳光、空气、淡水等供应同样十分困难，在可预见的未来，大量开发海底地下空间也是不可能的；因此，当前和今后相当长时期内，开发陆地地下空间就成为拓展人类生存空间唯一现实的途径。

地球表面积为 5.15 亿 $km^2$。地球表面以下为岩石圈（地壳），陆地下的岩石圈平均厚度为 33km，海洋下为 7km。从理论上讲，整个岩石圈都具备开发地下空间的条件，也就是说，天然存在的地下空间蕴藏总量有 $75 \times 10^{17} m^3$。

岩石圈的温度每加深 1000m 升高 15～30℃，到地壳底部温度估计在 1000℃左右；岩石圈内部的压力为每加深 100m 增加 2.736MPa，地壳底部的压力最大，可能超过 900MPa。因此，以目前的施工技术水平和维持人的生存所花费的代价来看，地下空间的合理开发深度以 2000m 为宜。考虑到在实体岩层中开挖地下空间，需要一定的支撑条件，即在两个相邻岩洞之间应保留相当于岩洞尺寸 1～1.5 倍的岩体；以 1.5 倍计，则在当前和今后一段时间内的技术条件下，在地下 2000m 以内可供合理开发的地下空间资源总量为 $4.12×10^{17}m^3$。

地球表面的 80％为海洋、高山、森林、沙漠、江、河、湖、沼泽地、冰川和永久积雪带所占据。到目前为止和可以预见的未来，人类的生存与活动主要集中在占陆地面积 20％左右的可耕地及城市和村镇用地范围内。因此，可供有效利用的地下空间资源应为 $0.24×10^{17}m^3$。在我国，可耕地、城市和乡村居民点用地的面积约占国土总面积的 15％，按照上面的计算方法，我国可供有效利用的地下空间资源总量接近 $11.5×10^{14}m^3$。

城市地下空间的天然蕴藏量应等于城市总用地范围以下的所有土层和岩层的体积（平均厚度 33km），但这个数字并没有实际意义。如果把开发深度限定在 2000m 以内，考虑到地下建筑之间必要的距离，开发范围限定在城市总用地面积的 40％以内较为适当。按照这样的开发深度和范围，一个总用地面积为 $100km^2$ 的城市，可供合理开发的地下空间资源量有 $8×10^{10}m^3$。以建筑层高平均为 3m 计，可提供建筑面积 $2.7×10^{10}m^2$，即 270 亿 $m^2$，相当于一个容积率平均为 5 的城市地面空间所容纳建筑面积的 540 倍。但是地下空间开发深度达到 2000m 在技术上是很困难的，在可预见的一个时期，例如在 21 世纪的 100 年内，合理开发深度达到 100～150m，对于多数大城市是比较现实的。

由此可见，可供有效利用的地下空间资源的绝对数量仍十分巨大，从开拓人类生存空间的意义上看，无疑是一种具有很大潜力的自然资源。

### 1.1.2　地下空间与应对城市发展中的困难与挑战

在城市发展过程中，必然要遇到种种困难和挑战，在我国具体条件下，主要在以下五个方面：

（1）人口增长的挑战。在人类生存的 400 万年中的大部分时期，人口数量的增长是缓慢的，20 世纪后半叶开始迅速增长，1960 年达到 30 亿，1987 年 50 亿，1999 年 60 亿，2011 年已经突破 70 亿人大关。联合国预测到 2030 年，全球人口将达到 85 亿人。中国人口数量一直居世界首位，由于基数过大，尽管采取了计划生育政策，到 2000 年人口总数仍然增加到 12.9 亿人。预计按现行人口政策，到 2030 年前后人口达到 16 亿时，才有可能停止增长。同时，中国的城市化将使城市人口从 2000 年的 4 亿人增加到 10 亿。人口增长形成的最直接压力是对粮食的需求，但城市发展用地主要来自对可耕地的占用，对保持足够耕地的要求仍然是一个很大的威胁。也就是说，中国的城市发展以至建设未来城市，只能以不占或少占耕地为总前提。

（2）淡水资源短缺的挑战。虽然地球表面的 71％是海洋，海水量之大可谓取之不尽用之不竭。但是遗憾的是，人类及多数生物赖以生存和城市赖以发展的淡水，却只占地球总水量的 0.64％。目前，世界上大约有 90 个国家、40％的人口面临供水紧张，足以引起社会动荡和导致地区冲突，并制约城市的发展。中国的水资源情况在世界上处于很不利的地位，不但现在已严重影响到城市的发展，在未来的城市建设中必将构成一个难以应对的挑战。虽然自然条件是无法改变的，但是通过人们的努力，如节约用水、水源调剂、提高重复使用率、降低海水淡化成本等，有可能使危机得到一定程度的缓解。

（3）能源枯竭危机。能源对于人类生存与发展的重要性和城市对能源的依赖关系，是显而易见的。现在，全世界每年燃烧煤 40 亿 t，消耗石油 25 亿 t，并以每年 3% 的速度增长。据联合国 1994 年公布的数字，以 1992 年的开采量和当时已探明和可能增加探明的储量相比较，石油还可开采 75 年，天然气只能维持 56 年，煤较多，可开采 180 年。也就是说，到 21 世纪中叶，人类将面临传统能源的危机。中国的情况更差，石油和天然气的探明储量都比较少，安全期预计为 30～50 年，只能越来越多地依赖进口。因此，在传统能源面临枯竭的情况下，出路只有两个：一是节约使用，降低能耗；二是开发利用新能源，这也是在未来的城市建设中必须应对和解决的问题。

（4）环境危机。在人类以自己的智慧和知识创造了巨大的生产力、富足的生活和繁荣的城市的同时，也为自己造成了灾难性的后果，受到自然的无情惩罚，那就是严重的生态失衡和环境污染。宏观上的生态环境恶化主要表现为沙漠化（或称荒漠化）、全球性气候变暖、臭氧层流失、自然灾害频繁等。对于城市来说，主要表现在工业生产和居民生活排出的大量废弃物造成的城市大气污染、水污染、土壤污染。此外，城市环境噪声污染和建筑物玻璃外表面的光污染，也属于城市环境问题。严重的城市环境污染，对今后城市的发展确实是一个危机。

（5）灾害威胁。我国是地震多发国，且国土的 70% 处于季候风的影响范围，水、旱、风等灾害频繁；同时，我国仍处于复杂动荡的世界局势之中，战争的根源并没有消除。因此，城市面临战争及多种自然和人为灾害的威胁，城市安全还没有充分的保障。地下空间天然具有的防护能力，可以为城市的综合防灾提供大量有效的安全空间，对于有些灾害的防护，甚至是地面空间无法替代的。

克服以上困难的途径，只能是依靠无限的知识资源，应对有限的自然资源危机；通过高新技术提高土地对人口的承载能力，提高对水资源的循环使用水平，降低能源消耗和解决开发新能源的困难，治理环境污染和改善生态平衡。地下空间在容量、环境、安全等方面的巨大优势，使之能在克服城市现代化过程中的诸多矛盾起到重要的作用，因此也成为地下空间规划必须认真考虑的问题。

## 1.1.3　地下空间与城市现代化发展

城市现代化是指城市的经济、社会、文化、生活方式等由传统社会向现代社会发展的历史转变过程，在科学技术和社会生产力高度发展的基础上，为城市居民提供越来越好的生活、工作、学习条件和环境，城市经济、社会、生态和谐地运行并协调发展。

"现代化"对于世界上数以千计的城市来说，既有共同的含义，又是一个相对概念，发达国家的"现代"，可能成为发展中国家"现代化"的目标，而后者的"现代"，又可能成为最不发达国家发展的方向。也就是说任何一个国家，城市的现代化发展都要经历一定的历史阶段，适应一定的生产力发展水平和符合自己的国情。

2003 年，我国人均 GDP 水平刚达到 1000 美元，开始进入中等偏低收入国家行列，城市现代化水平还很低，同世界先进的现代化城市发展水平相比，还有很大差距，实现城市现代化发展水平相差悬殊，但按照历史发展的观点，或迟或早都将走上现代化的道路，并不断提高现代化水平。从我国情况看，21 世纪上半叶，中国城市现代化发展大约可经历三个阶段：第一阶段由 2001～2010 年，是实现城市现代化的基础阶段，即城市人均 GDP 达到 4000 美元左右，经济进入有序的平稳增长期，城市居民生活质量有较明显的提高，少数发达城市可率先基本实现城市现代化；第二阶段由 2011～2030 年，多数城市普遍实现城市现代化，城市人均 GDP 超过 1 万美元；第三阶段，由 2031～2050 年，是中国城市达到发达国家城市水平的重要发展阶段。城市人均 GDP 将达到 2 万美元以上，城市的经济、科学技术、文化教育、基础设施等将全面达到或接近国际先进水平，居民生活水平达到当时发达国家的中上等水平。届时，城市现代化的主要标志，按现在的认识水平，应当是：高度发达的生产力和科学技术；完善和高效的城市基础设施；清洁优美的城市环境；丰富的城市文化；高水平的城市管理；高素质的城市人口和高度的精神文明；有效的防灾减灾能力；以及土地资源、水资源和能源的高效利用。此外，一些有条件的城市还应包括充分的国际合作与区域合作，以及某些重点城市功能的国际化。

在实现城市现代化过程中，地下空间的开发利用，可以起到重要的推动作用，主要表现在：

(1) 在不扩大或少扩大城市用地的前提下，实现城市空间的三维式拓展，从而提高土地的利用效率，节约土地资源。

(2) 在同样前提下，缓解城市发展中的各种矛盾。

(3) 在同样前提下，保护和改善城市生态环境。

(4) 建立水资源、能源的地下储存和循环使用的综合系统，促进循环经济的发展和构建资源节约型社会。

(5) 建立完善的城市地下防灾空间体系，保障城市在发生自然和人为灾害时的安全。

(6) 实现城市的集约化发展和可持续发展，最终大幅度提高整个城市的生活质量，达到高度的现代化。

## 1.2　我国城市地下空间开发利用的发展道路

中国的城市地下空间利用，是在 20 世纪 60 年代末特殊的国内外形势下起步的，是以人民防空工程建设为主体的，这种状况一直持续到 80 年代中期。其中一部分工程实现了平战结合，在平时发挥了一定的城市功能。这一时期应当看做是城市地下空间利用的初创阶段。进入 21 世纪后，城市地下空间利用在数量和质量上，都有了相当规模的发展和提高。这表明，我国的城市地下空间利用已开始成为城市建设和改造的有机组成部分，进入了适度发展的新阶段。

在今后的 50 年里，我国将实现国民经济发展的第三步战略目标，完成全面的现代化。与之相适应，城市化水平将达到 65% 以上，不仅城市数量要增加，而且原有城市可能在前二三十年内完成改造。在这一历史进程中，城市地下空间将发挥越来越重要的作用。预计到 21 世纪 20 年代, 城市地下空间利用可能出现高潮, 进入大规模发展的更高阶段。

2005 年, 我国城市总数有 661 座 (2006 年 656 座, 2007 年 655 座), 其中约 200 座是近些年升格的县级市, 100 万以上人口的特大城市有 40 座。在今后的几十年中, 还将新增几百座城市。当前, 从总体上看, 大部分城市仍处于发展的初级阶段, 而且发展很不平衡, 所处的自然条件和地理环境也存在很大差异。但是, 不论现在处于哪种发展阶段, 所有城市或迟或早都要走现代化道路, 在这一进程中, 不可避免地需要开发利用地下空间, 并不断向更高的水平发展。因此在这样的背景下, 研究一下不同类型城市地下空间的发展阶段、发展目标和发展道路, 使中国城市地下空间能够科学、合理、有序地发展, 对于不同类型城市制订自己的地下空间发展规划, 应当是有益的。

## 1.2.1 我国的城市建设发展与用地状况

目前, 全球已有一半以上的人生活在城市里。2009 年底, 中国城市人口的比例虽已达到 46.6%, 但与世界城市化平均水平相比还有一些差距。加快推进城市化, 建设各具特色的、和谐的、可持续发展的城市是中国社会主义现代化建设的一项重大任务。

城市土地作为城市经济社会发展的最基本要素, 是城市各种资源的载体。我国人地矛盾尖锐, 人均耕地面积约 1.39 亩, 耕地保护底线是 18 亿亩, 到 2030 年我国基本完成工业化和城市化, 可占用的最大耕地面积只有 0.3 亿亩。1990~2006 年, 全国城市建设用地面积由近 1.3 万 km² 扩展到近 3.4 万 km², 同期全国 41 个特大城市主城区用地规模平均增长超过 50%。城市土地是城市发展和建设的基础性资源和城市活动的载体。随着我国市场经济的形成、城市化进程的加快、高新科技的发展, 土地作为一种稀缺不可再生的基础性资源, 其合理、高效的利用对城市乃至国家的可持续发展具有重要的现实意义。现正处于城市化加速发展时期的中国, 其城市将产生总人口的增加和用地规模的扩大, 而中国人多地少的现状, 使得城市的发展必然涉及对城市的各种资源的合理开发和利用, 特别是对土地这一有限的基础性资源的可持续使用。在此过程中, 城市土地供给与需求、城市土地的合理有效使用与土地的生态保护成为城市发展中的几个基本矛盾。图 1.1 是苏州市 1991~2004 年几个重要时期的城市建设用地扩张发展态势图, 由图不难看出, 城市建设用地的供需矛盾越来越突出, 城市的永续发展正受到严峻的挑战。

中国城市由于历史和自然环境的不同, 在经济、社会、文化等多方面的发展很不平衡, 大体上可分为东部沿海发达地区城市; 东中部较发达地区城市和中西部欠发达地区城市三大类。第一类城市和部分第二类城市, 城市发展的矛盾多集中在这类城市的旧市区和中心区, 那里人口和建筑密度高, 车辆拥堵, 环境质量差, 但城市效率并不高, GDP 较低, 因而成为城市更新改造的重点地区, 需要开发利用地下空间, 实行立体化再开发, 提高土地的利用效率, 加强中心区的聚集作用, 改善城市环境, 恢复旧市区或中心区的生机与活力。应当注意的是, 即使在这些相对较发达的城市中, 其经济、社会状况和城市矛盾的严重程度也并不相同, 因此对开发利用地下空间的需求程度和需求规模, 必须根据各自的实际情况进行科学的预测, 防止主观臆断和盲目攀比。从我国实际情况看, 各个城市的严重程度也是不尽相同的, 真正到了不修建地下铁道

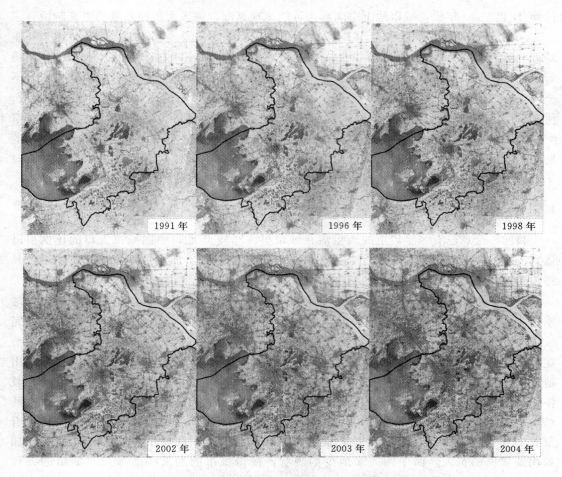

1991 年　　1996 年　　1998 年

2002 年　　2003 年　　2004 年

图 1.1　苏州市 1991～2004 年几个重要时期的城市建设用地扩张图

就无法解决城市交通问题的，仍然是少数，如北京、天津、上海、广州、深圳；其他有些城市在地面上改善和发展公共交通的潜力是否已用尽，道路的改造是否已无法满足交通量的增长，这些都是值得认真研究的，对于这样一类耗资巨大的地下空间开发项目，必须持十分慎重的态度；还值得一提的是，许多经济发展水平较低的小城市，城市建设用地中的浪费问题相当突出，人均用地大都在 150m² 以上，然而产出效益却非常低，特别是有些县级市，在"升级"的刺激作用下，盲目追求"大发展"，滥用土地的现象就更为严重。因此，对于这些中小城市，包括特大城市周围发展的一些"新城"，从发展的初期起，就应当走集约型发展道路，严格控制城市用地，提高土地利用效率，在城市发展中适度开发一定规模地下空间，应当是有益的。

尽管我国城市的发展很不平衡，但是或迟或早都要实现现代化是毫无疑义的。在这一历史进程中，在不同程度和规模上开发利用城市地下空间也是必然的。因此，地下空间的发展道路，都应当遵循以下几个共同的方向，即：推动城市发展从粗放型向集约型的转变；推动城市空间拓展从二维式向三维式的转变；以及提高城市效率和城市的聚集能力。

## 1.2.2 地下空间与城市的集约化发展

我国正处于城市化的快速发展期，城市化与耕地之间的矛盾将会进一步加剧，而城市的集约化发展将成为我国城市化道路的一种必然选择。当前的主要工作是要做好城市发展的用地规划，特别是做好中小城市和小城镇的发展规划，通过规划减少耕地的占用。另外，还要通过经济、法律、管理、技术等各种手段及措施，提高城市土地的使用效率，减少不必要的土地浪费。

集约化是表示事物从分散到集中，从少到多，从低级到高级的发展过程。对于城市来说，主要表现为在城市发展过程中，充分发挥出城市的聚集作用，以尽可能少的资源，创造出尽可能多的社会财富和综合效益。

当前，在我国城市建设和发展中，正在实行"两个根本转变"，即从粗放型向集约型转变和从计划经济向市场经济转变。也可以说，城市的集约型发展是在社会主义市场经济条件下城市发展的必由之路。

城市的本质是聚集而不是扩散，城市的一切功能和设施都是为加强集约化和提高效率服务。城市的集约化受到经济规律的支配，是动态的发展过程，故达到一定程度时，就会与相对静止的城市功能和基础设施的服务能力失去平衡，形成种种矛盾，客观上出现实行更新和改造以适应更高的集约化要求。城市的集约化程度越高，其自我更新能力就越强。城市集约化发展，与城市的盲目扩散有根本的不同。因此，城市的集约化就是不断挖掘自身发展潜力的过程，是城市发展从初始阶段向高级阶段过渡的历史进程。当然，城市的集约化并不是无止境的，城市空间的容量也是有限的。也就是说，当城市化达到相当高的水平（城市化率为 $80\% \sim 90\%$），当城市空间的容量在保持合理容积率和人口密度的前提下已趋近饱和，城市的发展潜力已经用尽，城市已经到了高度发展的阶段时，城市的集约化才达到了预定目标，才能对社会、经济发展起到更大的推动作用。

城市的粗放型发展主要表现为以高消耗资源和能源，追求产量和速度；忽视经济与社会、人口、资源、环境的协调发展；实行唯计划式的经营，和自上而下的行政决策及管理体制。在城市规模上，则主要表现在城市范围无限制地外延式扩展。1986～1995 年间，我国城镇用地规模平均扩展了 $50.2\%$，其中有的已超过 $100\%$。城市用地增长率与人口增长率之比，国际上比较合理的比例为 $1.2:1$ 而我国却高达 $2.29:1$。城市无限制地向四周水平扩展，不但占用大量耕地和绿地，而且并没有为城市带来更高的效益。

衡量一个城市的集约化水平，除人均 GDP（国内生产总值）等项目外，单位城市用地的 GDP 应当是一个重要指标，可直接显示出土地的利用效率和空间容纳效率。但是这一指标在过去的城市规划和城市统计中都是没有的，反映出粗放式发展不重视效率和效益的倾向。以北京市为例，1989 年，城市建成区的面积为 $395.4 \mathrm{km}^2$，单位城市用地的 GDP 为 0.31 亿美元$/\mathrm{km}^2$；2000 年，这一指标增长到 0.63 亿美元$/\mathrm{km}^2$，城市用地增加到 $488 \mathrm{km}^2$，单位用地的经济效益虽有所提高，但其绝对值与发达国家和地区相比仍存在很大差距。香港以弹丸之地，竟创造出年 GDP1583.6 亿美元（2000 年）的巨额财富，单位城市用地的 GDP 达 12.5 亿美元$/\mathrm{km}^2$，高出北京 20 倍。虽然香港中心区的容积率过高，建筑密度过大，呈现畸形发展，是不可取的，但却足以说明城市土地和空间具有多么大的聚集作用和经济潜力。同时也说明，北京的低水平发展，是长期粗放型发展的结果，离高度集约化还有很大的差距。

城市土地价格也是反映城市集约化程度的一项重要指标。据近年资料，日本东京土地的最高价格已达每平方米 50 万美元。我国尚无土地市场价格，仅以土地使用费征收值做比较，北京的最高地价与东京相差 150～200 倍。这个比较表明，北京城市的经济效益十分低下，作为特大城市，聚集社会财富的作用还远未发挥出来。由此可见，我国的城市发展不但要克服许多制约因素（例如耕地、水资源、能源、矿物资源等的匮乏和不足），而且只能在保持现有的自然条件不继续恶化和尽可能减少灾害损失的前提下寻求发展的途径，这就是集约化发展的道路，也是可持续发展的道路。

改革开放以来，我国城市化的快速发展给耕地保护带来了巨大的挑战。2009 年 2 月 6 日，国土资源部公布的 2008 年全国土地利用变更调查结果显示，截至 2008 年 12 月 31 日，全国耕地面积为 18.26 亿亩（121.72 万 km²），这已是耕地面积第 12 年持续下降。与 1996 年的 19.51 亿亩（130 万 km²）相比，12 年间，我国的耕地面积净减少了 1.25 亿亩（8.35 万 km²）。据《全国土地利用总体规划纲要（2006～2020 年）》规定，"到 2020 年，耕地保持在 18.05 亿亩（120.33 万 km²）"。还有不到 12 年时间，但我们可利用的土地空间却只有 2074 万亩（1.38 万 km²），不足以往 2 年的耕地占用量。况且以上剩余不多的土地空间，并不完全是留给城镇建设的，还包含待建的公路、铁路、电力、水利等公共基础设施用地。另据相关数据统计，1995 年全国 650 个城市的建成区面积为 1.93 万 km²，是 1981 年 233 个城市建成区面积的 2.59 倍；1995 年全国 1.5 万个建制镇用地面积为 15.19 万 km²，是 1990 年 1 万多个建制镇用地面积的 1.86 倍。城镇化水平增长 1 个百分点，城市建成区面积就扩大 153 万亩（1020km²），耕地减少 615 万亩（4100km²）。如果照此计算的话，我国的城市化水平再提高 10 个百分点，还需要占用耕地 6150 万亩（4.1 万 km²）。很显然，目前我国的耕地状况不可能支撑这种粗放式的城市扩张。总的来说，我国城市化发展对耕地的过量占用有以下几个原因：一是"房地产热"、"开发区热"占用了过量耕地；二是大中城市"摊大饼"式外延发展，小城镇盲目扩展；三是一些地区宏观调控不力，政府垄断土地一级市场的能力薄弱，多个部门管地，造成了耕地的流失；四是城市用地效率低下、结构不合理。另外，规划脱节和用地机制不完善也是导致我国城市化对耕地过量占用的原因。

土地是城市空间的载体，不论是地上还是地下不存在脱离土地的城市空间。因此，城市集约化程度的提高，就是不断发掘城市土地潜力，提高土地使用价值的过程。一般情况下，城市中土地越昂贵的地区，土地的开发价格就越高，投资开发后就可获得比其他地区更高的经济效益，因而起到将城市功能向这一地区吸引的聚集作用，也是城市的立体化改造往往从城市中心区开始然后逐步向外扩展的主要原因，既符合市场经济的规律，又取得集约化的成果。因此，不论是新城市的建设还是旧城市的改造，使城市空间实现三维式的拓展，是世界上许多发达国家大城市的普遍做法，在我国地少人多的特殊条件下就更为必要。

### 1.2.3 地下空间与城市空间的合理拓展

城市建设节约集约用地大有潜力。城市建设必定要占用土地，但是城市用地应当尽量立足于建成区改造挖潜，这样既可以使旧城更新，又可以使城市增容扩能，还可以节约土地和保护耕地。我国的城市化不能走城市蔓延的路子，应当采取更加紧凑的模式，以最小的代价获得最大的成功。依据目前我国城市发展的实际，要实现节约和集约利用土地的目标，就要进行立体规划与立体开发。

积极合理开发地下空间，其效果是相当明显的，如北京旧城区，有专家估算，其可合理开发的地下面积为 $41.2km^2$，以地下二层建筑计，可提供 $0.55$ 亿 $m^2$ 的建筑面积，比旧城区原有建筑面积还多。

开发利用地下空间，把城市交通（地铁和轨道交通、地下快速路、越江和越海湾隧道）尽可能转入地下，把其他一切可以转入地下的设施（如停车库、污水处理厂、商场、餐饮、休闲、娱乐、健身等）尽可能建于地下，就可实现土地的多重利用，提高土地利用效率，实现节地的要求。

通常，拓展城市空间的方式，借用逻辑学的概念作比喻，有内涵式和外延式两种。

内涵式拓展是在不改变城市用地空间范围的情况下，通过改变城市的内部结构（土地结构、空间结构、产业结构等），更新城市的内部机能（如基础设施），开发城市现有的潜在空间资源，从密度、效率、质量等几方面达到提高城市空间容量的一种方式。外延式是对城市容量的外部限制条件加以人为的干预，以获得城市建设的用地，一般说，在城市发展初期，或土地资源比较充裕的城市，城市容量的外延式提高有利于城市的发展；但是对于已经发展到相当大规模的城市，特别是土地资源短缺的城市，盲目采用外延式提高容量会造成许多不良后果，在这种情况下应采取内涵式提高方式。

内涵式和外延式的空间扩展在城市发展形态和空间构成上表现为集约和分散。分散是使城市在水平方向四周延伸，集约就是使城市主要在垂直方向上下扩展，在中国和日本称之为城市空间的立体化扩展，其他国家则称为城市空间的三维式发展。不论用哪一种方式，最终目的都是为了使城市功能与空间容量取得协调发展，以达到较高的城市效率和效益水平。

当城市规模较小，处于自发发展阶段时，城市空间沿水平方向四面延伸（即同心圆式扩展）以适应发展的需要，是很自然的，不致引起很大矛盾；但如果城市已具有相当大的规模，再无限制地向外水平扩展，则至少会引起两大问题：一是土地资源的不足，二是城市交通问题的加剧，从总体上看，对加强城市的集约化是不利的。

城市人口的不断增多，往往成为城市用地不断向外扩大的一个主要原因，造成城市规模难以控制的问题。应当看到，城市规模不仅仅是一个占多少土地，划多大范围的平面问题，而是既涉及城市容纳效率等空间问题，又包括城市发展阶段这样的时间概念，含有较复杂的时空因素。如果单纯以人口密度的合理值来控制城市规模，必然要不断向外扩展城市用地；但若同时考虑到城市容积率的因素，从扩大城市空间容量着手，那么就有可能在不扩展或少扩展用地的情况下，容纳更多的城市人口和城市功能。

从 20 世纪 50 年代后期起，许多发达国家大城市因城市矛盾严重而出现了对原有城市进行更新改造的客观要求。在实践中，人们逐渐认识到城市地下空间在扩大城市空间容量和提高城市环境质量上的优势和潜力，形成了地面空间、上部空间、下部空间协调扩展的城市空间构成的新理念，即城市空间的三维式拓展。这一过程持续了 30 年左右，取得明显的效果，不但缓解了多种城市矛盾，而且在不扩大或少扩大城市用地的情况下，大大加强了城市土地和空间的聚集作用，城市中心恢复了生机，出现空前的繁荣。

日本一些大城市在第二次世界大战后经济高速发展时期，都进行了立体式的再开发，如东京的银座地区、车站附近，三个副都心（新宿、池袋、涩谷地区），名古屋车站附近和市中心"荣"地区，大阪的梅田和难波两车站地区，横滨站东西两侧地区，神户和京都的车站附近等。

北美洲和欧洲，在 20 世纪六七十年代，有不少大城市进行了立体化再开发。例如美国的费城，加拿大的蒙特利尔、多伦多，法国的巴黎，德国的汉堡、法兰克福、慕尼黑、斯图加特，以及北欧的斯德哥尔摩、奥斯陆、赫尔辛基等，虽然再开发的主要目的并不完全相同，但是充分利用地下空间，在扩大空间容量的同时改善城市环境这一点都是一致的。

当前我国的城市发展实际上正在经历发达国家大城市三四十年前所经历的过程，因此那些国家符合发展规律的经验和一些不成功的教训，都是值得借鉴和吸取的，其中城市空间的三维式拓展，对旧城实行立体化再开发，就是重要的经验。近 10 年来，我国一些大城市在许多重要地段的城市改造中，较普遍地实行了立体化再开发，对扩大城市空间容量，改善城市环境，改变城市面貌等方面，都起到良好的作用，与国际上的差距正在缩小，展现了城市空间三维式拓展的广阔前景。

### 1.2.4 地下空间与城市效率和聚集能力的提高

城市空间一般是指城市建成区空间，是一定数量的人口，一定规模的城市设施和各种城市活动在特定的自然环境中所形成的人工空间，作为一定地域范围内的政治、经济、社会和文化中心。城市空间有开敞空间（如街道、广场、绿地等）和封闭空间（又称建筑空间），地下空间是一种封闭的建筑空间。

城市容量又称城市空间容量或城市环境容量，是指城市空间在一定时间内，对城市人口、静态物质（建筑物和各种城市设施）和各种城市活动的综合容纳能力。城市容量包括：

（1）人口容量，一般以人口密度衡量。

（2）建筑容量，一般以建筑密度表示。

（3）交通容量，通常表现为年（或日）总客流量和客运量，以及货物总运输量。

（4）土地容量，实际上是前三种容量的综合，主要表现在各种用地指标上，如人均总用地指标，生活居住用地指标，交通用地指标等。

此外，还应包括城市基础设施的服务能力。

城市空间的扩展和城市聚集程度的提高，受各种自然、经济、社会因素的影响，故城市空间容量实际上有两个含义，即理论容量和实际容量。理论容量是指一个城市在一定发展阶段，在各种制约因素影响范围内可能达到的最大容量值。从理论上看，任何一个时期的城市容量都有一个合理的极限值，实现这一极限值，城市就能发挥机能的最佳状态，空间得到充分利用，并具有良好的发展活力。实际容量是指一个城市在形成和发展的某一阶段，以及在特定的自然、社会、经济条件下所形成的城市容量，即实际存在的现有城市空间容量。

北京市从 1949～1990 年，全市人口从 209 万人增加到 1160 万人，增长 5.55 倍；城市建成区面积从 62.5km$^2$ 扩展到 488km$^2$，增长 7.81 倍；建筑总量从 0.17 亿 m$^2$ 增加到 2.6 亿 m$^2$，增长 15 倍。这一情况表明，北京市城市用地的增长速度大于人口增长速度，人口容量是不合理的；同时，建筑总量的增长速度仅为用地增长速度的 2 倍，建筑实际容量与理论容量仍存在很大差距。

城市效率是指城市在运转和发展过程中所表现出来的能力、速度和所达到的水平，也是衡量城市集约化和现代化程度的一种指标体系。城市效率包括四个方面，即经济效益，如人均国内生产总值（GDP），单位面积城市用地的 GDP 值，单位面积城市用地的社会商品零售额，城市资金的投入产出比率等；空间容纳效率，如人口密度、建筑密度、城市容积率、单位面积城市用地容纳的建筑量、交通量等；城市运行效率，主要表现为城市基础设施的各种指标，如人均道路用地面积，每千人机动车拥有量，日人均供水量和耗电量，每百人电话拥有量，城市废弃物处理率等；城市管理效率，表现为管理的数字化水平，民主化程度，社会保障的完善程度，应急指挥和组织能力等。

为了说明不同发展阶段和不同发展水平的大城市在城市效率上的差异，现选择日本东京与中国北京两个特大城市在相近年份城市效率主要指标之一，即地均 GDP 做一比较，这两个城市在城市规模和人口方面比较接近，因而有一定的可比性。

东京 1986 年的单位用地 GDP 为北京 1989 年的 16.5 倍，到 1996 年，东京市区面积增长 3%，但单位用地 GDP 增长 251%；北京城市用地 10 年间扩展 23%，而单位用地 GDP 仅增长 87%，东京比北京仍高 22.1 倍。这其中虽然有 1985 年前后日元大幅度升值的影响，使日元折算成美元后绝对值有较大增加，但仍然表明，即使除掉汇率因素，北京的土地利用效率虽有 87% 的提高，但与发达国家大城市还存在巨大差距。2005 年北京地均 GDP 仅为 7000 万美元/km$^2$，高于 1 亿美元/km$^2$ 的仅有上海、武汉、青岛等 3 个城市，其指标也只有 1996 年东京这一指标的 1/10。

从以上对城市效率高低的比较也可看出，城市的发展，实际上就是人流、物流、能流、信息流和资金流不断从低水平向高水平集中的过程，说明城市本身自出现时起，就表现出一种聚集的能力，主要表现在人口的聚集，经济的聚集和科学、教育、文化的聚集。

城市的经济社会越是发展，城市规模越大，其聚集作用就越强，形成良性循环，这也是世界上大城市和特大城市数量不断增多的一种经济动因。2000 年，中国 200 万人口以上的特大城市有 21 个，人口共约 9000 万人，占总人口的 7.4%，但其 GDP 总和却占全国 GDP 的 22%。虽然绝对数字并不很高，但足以说明大城市对社会财富的聚集能力，比中小城市要强得多。

城市聚集作用，归根结底，是对社会物质和精神财富的聚集。没有这种作用，城市不可能发展，国家不可能富强，人民生活水平不可能提高。我国城市发展与发达国家和地区之间的差距，也主要表现在这一点上。因此，在节省土地资源和保护环境的前提下，开发利用地下空间，扩大城市容量，提高城市效率，充分发挥城市的聚集作用，对城市的现代化和可持续发展，对整个国民经济的增长，都是十分重要的。

综上所述，关于中国城市地下空间的发展道路，可以归纳为以下几个要点：

（1）在中国城市化进程中，不论是原有城市的改造还是新城市的建设，适时开发利用地下空间，对于城市的现代化发展和聚集效应的增强，都可起到重要作用。

（2）中国城市在经济、社会、文化的发展上很不平衡，只有当城市发展到对地下空间产生需求，又具备一定的开发条件时，适度开发利用地下空间才是合理的。

（3）中国城市化水平和城市现代化水平还比较低，地下空间的开发利用，必须有助于城市的集约化发展和可持续发展，有助于城市效率的提高和聚集作用的加强，最终实现城市的高度现代化。

（4）开发利用城市地下空间的规模、强度、时机，必须与整个国民经济和城市的发展水平相适应。在中国条件下，少数发达的特大城市，用 50 年左右的时间，大体分两个阶段实现城市现代化，完成地下空间应负的使命，是有可能的；其他多数城市则需要更长的时间，但或迟或早都会走这样的发展道路。

（5）为了使城市地下空间利用科学、合理、有序地进行，应结合城市具体条件制订一项既有前瞻性、又有可操作性的地下空间发展规划，作为城市总体规划的组成部分。

## 1.3 国内外城市地下空间规划状况

### 1.3.1 国外城市地下空间规划的状况

从 1863 年伦敦建成世界上第一条地铁开始，国外地下空间的发展已经历了相当长的一段时间。进入 20 世纪后，国外许多大城市普遍修建地铁，开始了对地下空间的大规模开发和利用，成就较高的是日本和欧美发达国家。各个国家的地下空间开发利用在其发展过程中形成了各自独有的特色。了解其特色和经验，对我们具有重要的参考价值。

国外许多大城市在过去几十年中，虽然地下空间的开发利用取得很大成效，积累不少有益经验，但除加拿大外，多数是在没有整个城市地下空间发展规划的情况进行的。通常的做法是，当城市某一个区域需要进行再开发时，经过较长时间的准备和论证，在此基础上制订详尽的再开发规划。这些规划的特点是同时考虑地面、地上、地下空间的协调发展，即实行立体化的再开发，综合解决交通、市政、商业、服务、居住等问题，整体上实行现代化的改造。

1. 欧洲——重视城市环境

欧洲是最早对地下空间进行开发利用的。从 1863 年英国伦敦的第一条地下铁道到英吉利海峡隧道，欧洲国家对地下空间的开发水平一直处在世界前列。其目的是解决城市建设用地紧张局面，保护城市环境、自然景观、历史景观等，有效利用城市地下空间资源。欧洲国家城市中心区进行立体化开发，发展了多种类型的地下空间，形成了大型地下综合体。它的特点是规模大，内容多，水平、垂直方向上的布置也比较复杂。它把市中心的许多功能（特别是交通）转入地下，而在地面实行步行化，并充分绿化。图 1.2 是法国巴黎卢浮宫的扩建工程，图 1.3 是巴黎市中心区的列·阿莱（Les Halles）地区再开发。此外，德国的地下空间的开发利用则注重保护有历史意义的旧城建筑。

图 1.2　巴黎卢浮宫的扩建工程

图 1.3　巴黎市中心区的列·阿莱（Les Halles）

**2. 北美——城市地下网络**

北美利用地下空间出于克服恶劣气候、创造出舒适生活环境、节省能源等需要。美国将城市地下空间利用点、线、面方式，以整体网络型组合起来。除地下街、地铁、道路隧道外，还有半地下式大学、地下储藏设施、地下核防护设施。加拿大的地下空间利用以蒙特利尔市为代表，号称拥有全球规模最大的地下城。其寒冷的气候、拥挤的交通以及城市用地紧张，是城市中心向下迁移的直接动因。从地铁站延伸出的无数通道将地铁、郊区铁路、公共汽车路线、地下步行道与大量的混合型开发联为一个庞大的网络。而对于具有历史价值的建筑，均纳入地下开发控制的范围之内。据统计，蒙特利尔地下城长达 30km，被连接起来的 60 多个建筑群的建筑面积达到了 360 万 m²。近 2000 家店铺通过这种方式联为一体，此外还有可停放 1 万辆汽车的停车场。每天通过这一地下网络的人数超过 50 万。

像加拿大城市蒙特利尔、多伦多等大规模开发利用地下空间的情况，没有一个统一的规划作为指导，是不可能实现的。事实上，从 1954 年起，就由国际著名美籍华裔建筑师贝聿铭主持，开始对市中心地区的维力—玛丽广场（Place Ville - Marie）地区进行立体化再开发规划，到 1962 年完成再开发，对公众开放，共开发地下空间 50 万 $m^2$。1984 年，制订了地下城市总体规划；1992 年，制订了整个蒙特利尔市的总体规划，包括了地下城的发展规划。最近一次地下城总体规划制订于 2002 年，特点是要进一步发展地下步行通道网，使之逐步取代地面上的私人汽车。同时，一系列的有关规范、标准也正在制定中。与此同时，加拿大的一些城市工作者和高等院校的学者，仍不断对地下城市的建设进行调查研究。例如，对于离开地下城后人们所走的路线，要经过什么地方等；又如，人们在地下空间中的方向感，通道拥堵和安全问题等，都需要研究，一些学者已经为此连续 12 年进行调查研究工作，他们的目的是要进一步提高地下空间的吸引力，使地下道路网络化，使人们在其中行走更便捷，使人们在地下空间中感到愉快。图 1.4 是加拿大蒙特利尔的地下系统。

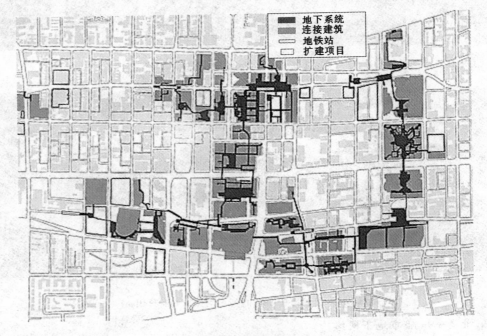

图 1.4 蒙特利尔的地下系统

3. 亚洲日本——缓解城市用地紧张

亚洲地下空间利用进行最早，理论与实践最为成熟的国家当推日本，是比较典型的缓解城市用地紧张的代表。20 世纪 20～30 年代，日本对地下空间的利用主要是解决城市交通拥挤问题。1927 年东京地下铁开通营运 2.2km；1937 年大阪市地下铁开通营运 3.1km。1960 年代到 1970 年代中期，大力推进地下街的建设，10 多年间共建成地下街 49 处约 60 万 $m^2$。日本每年新建 1400km 各种用途、不同直径的隧道，其中 40% 是排污隧道，20% 是公路隧道，10% 是铁路和输水隧道，还有与能源有关的地下设施，如输电线隧道等。已建成的地下发电站共有 50 个，建于山区的有地下发电厂、铁路和道路隧道，储存发电燃料的大型地下储库。此外还把自然形成或人工建成的地下空间重新开发用于新用途，例如金、银、铜矿和采石场都曾经被使用过，后来废弃闲置，如今又重新加以开发利用。在开发深度上，日本对地下空间的开发以前多集中在地下 30m 范围内，现限制在 50m 内。

近些年，西方的专家、学者相当广泛地讨论城市地下空间规划问题，有的国际学术会议甚至以此为主题，但迄今只有日本、法国、荷兰、加拿大等国有一些进展，而且除加拿大外，规划范围多限于城市的局部地区。这种情况不一定是技术原因造成的，可能与社会制度（例如土地的私有制）和管理体制有关，这对我国也是一种机遇，发挥自己的优势，使城市地下空间开发利用尽快在统一规划指导下，科学、健康、有序地发展。

## 1.3.2 我国城市地下空间规划的状况

我国地下空间利用最早始于西北黄土高原，有计划大规模的建设则是 30 年代的事。我国城市地下空间大规模开发利用始于人防工程。近几年有很大的发展，主要是在城市交通的改善方面，地下空间开发利用规模正在日益扩大，开发速度也在加快，一些经济发达、实力较强的大中城市，对地下空间进行了相当规模的开发利用，全国已建成的防空地下室近 3500 万 m²。在城市规划方面，为适应市场的需求，许多城市开始编制城市地下空间规划或专项规划。目前在大连、青岛、杭州、温州、深圳等经济发达的城市完成了地下空间发展规划的编制工作。还有许多城市在修编城市总体规划时，也都编制了城市地下空间开发利用（含人防）专业规划。科技研究方面，我国在城市地下空间开发利用上开始进行系统的研究，如中国工程院 1999 年完成了《中国城市地下空间开发利用研究》（又名：《二十一世纪中国城市地下空间开发利用战略及对策》），是近几年城市地下空间开发利用规划理论研究不断完善和技术进步的体现。

我国的城市规划工作，在计划经济体制下，已有 50 年左右的历史。这期间，城市比新中国成立前虽然有了很大的发展，但是，在长期的粗放型发展过程中，在人口增多的压力下，城市空间不断向四周呈同心圆式水平扩展，造成规划经常被未曾预料到的情况所突破，难以对城市发展起到指导和控制的作用，成为长期使城市规划工作者感到困惑和棘手的难题。现在看来，要改变这种被动局面，必须从根本上改变制订城市规划的指导思想，摒弃粗放型的传统发展方式，走集约化和可持续发展的道路。当然，这种转变不是一朝一夕可以完成，需要有一个认识和调整过程，但是应抓住机遇，努力实现。地下空间的开发利用，正是城市集约化发展的重要内容，对可持续发展也有直接作用，因此应当抓住制订地下空间发展规划的有利时机，力求使之符合城市发展的客观规律，把规划建立在科学的基础上。这样，才有可能避免以往规划的弊端，真正成为总体规划的重要组成部分，指导城市的现代化发展。

城市地下空间在我国虽然在人民防空建设推动下有一定程度的开发利用，但规模小，质量低，多在无规划和无序状态下进行。在过去的城市总体规划中，不能把地下空间作为城市三维空间的一个组成部分，统一考虑空间结构和形态的变化与发展。到目前为止，在我国经过批准实施的城市总体规划中，还没有一例包括了城市地下空间的发展规划，更缺少地面、地上、地下三种空间协调发展的规划。这种状况对今后城市的集约化发展和可持续发展很不利，是亟须改进的。

　　1997 年，建设部发布了关于《城市地下空间开发利用管理规定》，2001 年经修改后又重新发布。这一重要文件，要求各城市根据各自情况和条件，制订城市地下空间开发利用规划。这个规划应纳入城市总体规划，统一规划、综合开发、合理利用、依法管理，使市区，特别是中心地区地下空间的开发利用与城市的社会、经济、环境保持协调发展，促进城市发展总体战略目标的实现。2008 年《城乡规划法》第三十三条明确规定"城市地下空间的开发和利用，应当与经济和技术发展水平相适应，遵循统筹安排、综合开发、合理利用的原则，充分考虑防灾减灾、人民防空和通信等需要，并符合城市规划，履行规划审批手续"。

　　城市地下空间资源的开发利用，应当科学、合理、有序地进行，这就要求在城市总体规划中，包括一项地下空间开发利用规划，使城市上部空间、地面空间和下部空间得到协调发展。长期以来，在我国的城市总体规划中，并没有这部分内容，到近几年，这个问题才开始受到重视。迄今，我国已有 10 余座特大和大城市已经或正在准备制订城市地下空间规划，包括北京、青岛、厦门、重庆、深圳、南京、杭州、无锡等，其中有几个城市的地下空间规划已经完成，通过了立法程序。与此同时，一些城市的新开发区，也都进行或正在进行地下空间规划，如大连经济技术开发区、杭州钱江新城、杭州萧山世纪城，宁波东部新区、郑州郑东新区、武汉中央商务区等，像这样的在整个中心城市范围内或大型新开发区范围内制订地下空间规划，在国外也是少见的，使我国的这一领域在国际上处于领先地位。

　　我国目前城市中心区地下空间开发利用的主要模式有：

　　(1) 地铁综合体型。结合地铁建设修建集商业、娱乐、地铁换乘等多功能为一体的地下综合体，与地面广场、汽车站、过街地道等有机结合，形成多功能、综合性的换乘枢纽，如广州黄沙地区地下综合体。

　　(2) 地下过街通道—商场型。在市区交通拥挤的道路交叉口，以修建过街地道为主，兼有商业和文娱设施的地下人行道系统，既缓解了地面交通的混乱状态，做到人车分流，又可获得可观的经济效益，是一种值得推广的模式，如吉林市中心的地下商场。

　　(3) 独立地下商场和车库—商场型。在火车站等有良好的经济地理条件的地方建造的以方便旅客和市民购物为目的的地下商场，如沈阳站前广场地下综合体。

　　(4) 城市中心综合体型。在城市中心繁华地带，结合广场、绿化、道路，修建综合性商业设施，集商业、文化娱乐、停车及公共设施于一身，并逐步创造条件，向建设地下城发展，如上海人民广场地下商场、地下车库和香港街联合体。

　　(5) 历史风貌和景观保护型。在历史名城和城市的历史地段、风景名胜地区，为保护地面传统风貌和自然景观不受破坏常利用地下空间使问题得以圆满解决。图 1.5 是西安钟鼓楼地下广场。

　　(6) 地下室利用型。一般高层建筑多采用箱形基础，有较大埋深，土层介质的包围，使建筑物整体稳固性加强，箱形基础本身的内部空间为建造多层地下室提供了条件。将车库、设备用房和仓库等放在高层建筑地下室中，是常规做法。

　　(7) 改建型。已建地下建筑、人防工程的改建利用是我国近年利用地下空间的一个主要方面，改建后的地下建筑常被用作娱乐、商店、自行车库、仓库等。

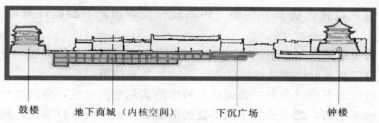

鼓楼　　地下商城（内核空间）　　下沉广场　　钟楼

图 1.5　西安钟鼓楼地下广场

## 1.4　地下空间利用中有待解决的问题

地下空间资源的开发利用，技术已经不是主要问题，其有待解决的主要问题包括：用地问题、降低成本技术、防灾环境技术、软科学研究问题等，见表 1.1 所示。

表 1.1　　　　　　　　　　地下空间利用中有待解决的主要问题

| 用地问题 | 1. 法律方面的问题 | (1) 土地所有权调整；<br>(2) 与公务管理权的关系 |
|---|---|---|
| 降低成本技术 | 2. 技术课题 | (1) 地下构造调查；<br>(2) 地下空间构筑；<br>(3) 利用中的环境控制、防灾 |
| | 3. 经济课题 | (1) 建筑比例大；<br>(2) 经济性不明；<br>(3) 维修管理费偏高 |
| 防灾环境技术 | 4. 安全课题 | (1) 防灾安全措施不充分；<br>(2) 灾害发生时避难困难 |
| | 5. 环境课题 | (1) 对地下水、振动等环境影响；<br>(2) 室内环境如空调、防排水、采光 |
| | 6. 精神、心理卫生 | (1) 心里恐惧、不安；<br>(2) 压迫感 |
| 软科学研究问题 | 7. 行政课题 | (1) 规划开发；<br>(2) 各种行政问题 |
| | 8. 其他课题 | (1) 向大城市圈的集中问题；<br>(2) 废弃土、砂的处理 |

# 1.5 城市地下空间规划的指导思想、阶段划分和主要内容

地下空间规划是城市总体规划的组成部分，对指导城市当前的建设和未来的发展都至关重要，具有法律效力，因此其编制过程必须有严密的组织和严格的程序，并遵循正确的指导思想，承担指导、监督地下空间发展的主要任务，并涵盖所有有关地下空间开发利用的主要内容。

## 1.5.1 编制城市地下空间规划的指导思想

（1）编制城市地下空间规划，应当以科学发展观为指导，以实现城市现代化和构建和谐社会为总目标，以建设资源节约型、环境友好型城市，不断提高城市生活质量为总目的。

（2）编制城市地下空间规划，应当以经过批准实施的城市总体规划、分区规划和详细规划为依据，遵守有关的国家法律、法规、标准和技术规范。

（3）编制城市地下空间规划，必须从本城市的实际情况出发，突出城市特色，适时适度地开发利用地下空间，既不滞后于城市发展的需要，也不应盲目攀比，超前开发。所有的发展目标、指标、规模、数量等，均须经过专题研究和科学论证。

（4）应当坚持城市地面、地上、地下三维空间的统筹规划，协调发展，综合利用，分步实施。在节约城市用地的前提下扩大城市空间容量，在节约水资源、能源的前提下改善城市生态环境，提高城市生活质量。同时，应充分发挥地下空间在防护上的优势，提高城市的安全保障水平。

（5）应当注重保护城市的人文资源和历史文化，重视地下空间使用者的生理需求和心理感受，创造人性化的、方便、宜人、安全的地下空间环境，提升地下空间的吸引力和竞争力。

（6）对城市已有的地下空间，应分别情况，采取保留、改造、整合等措施，使之融合在新的规划之中，少数无保留价值的应加以废弃。

（7）近期规划应明确、具体、操作性强，时序安排合理；远期规划应注重方向性、预见性和前瞻性。同时，为本规划期以后的发展创造条件，对发展远景加以考虑和构想，指明发展方向。

（8）在编制地下空间规划的同时，应完成相关的法规体系建设，从法制、机制、体制、权属、使用、管理等方面加以把握，以保障规划的实施与管理。

## 1.5.2 城市地下空间规划的阶段划分及其主要内容

城市地下空间规划与城市规划相适应，分为城市地下空间总体规划和城市地下空间详细规划两个阶段。

### 1.5.2.1 城市地下空间总体规划

城市地下空间总体规划根据深度的不同又可分为"总体规划纲要"和"总体规划"两个层次进行编制。前者一般对确定城市发展的主要目标、方向和内容提出原则性意见，作

为"总体规划"编制的依据；后者一般覆盖某个行政区或者针对特定地区，对地下空间的性质、功能、规模、总体布局和建设方针等作出合理安排。

与城市规划相同，城市地下空间总体规划期限一般为 20 年。同时应该对城市地下空间资源开发利用的远景发展与空间布局作出轮廓性的规划安排。城市地下空间总体规划是对地下空间资源开发利用的总体部署，它是城市规划的重要内容，是城市总体规划的有机组成部分。其规划内容包括：通过收集和调查基础资料，掌握城市地下空间开发利用的现状情况和发展条件，进行城市地下空间资源的可开发性和适建性评价，从而在城市地下空间总体规划阶段重点解决地下空间的需求预测、地下空间的功能与规模、地下空间的形态布局、地下空间的近期建设安排等问题。在注重与城市总体规划布局、人防工程设施、市政工程设施、交通工程设施、仓储设施等专项规划衔接的同时，结合城市总体规划确定的社会经济发展目标及城市性质、人口规模、用地规模，进行了城市地下空间开发利用的功能与规模的需求预测，将城市地下空间资源的开发利用控制在一定范围内，与城市总体规划形成一个整体，成为政府进行宏观调控的依据。

### 1.5.2.2　城市地下空间详细规划

城市地下空间详细规划主要针对某个特定的重要节点地区进行地下空间开发利用的具体方案设计。与城市规划相对应，可分为控制性详细规划和修建性详细规划两个层次。考虑到不同地区具体情况的差异性，城市地下空间规划的编制目前可采用"单独编制"，也可以纳入城市规划统一编制。

（1）城市地下空间控制性详细规划。以对城市重要规划建设地区地下空间的开发利用加以控制为重点，详细规定各项控制指标，对规划范围内以开发地块为单元提出指导性或强制性要求，为地下空间建设项目的设计和规划的实施与管理，提出科学的依据和监督的标准。

（2）城市地下空间修建性详细规划。依据控制性详细规划所确定的各项控制指标和要求，对规划区内地下空间的平面布局、空间整合、公共活动、交通组织、空间连通、景观环境、安全防灾等提出具体的要求，协调道路广场绿地等公共地下空间与各开发地块地下空间在交通、市政、民防等方面的关系，为进一步的城市设计和建设项目的设计提供指导和依据。

# 第 2 章 城市地下空间规划的基础资料和现状调查

## 2.1 城市地下空间规划的基础资料

作为城市规划的一部分,调查研究是城市地下空间规划必要的前期工作,必须在弄清楚城市发展的自然、社会、历史、文化背景,以及经济发展的状况和生态条件的基础上,找出城市建设发展中拟解决的主要矛盾和问题,特别是城市交通、城市环境、城市空间要求等重大问题。缺乏大量的第一手资料,就不可能正确地认识城市,也不可能制定合乎实际、具有科学性的城市地下空间规划方案。调查研究的过程也是城市地下空间规划方案的孕育过程,必须引起高度重视。调查研究所获得的基础资料是城市地下空间规划定性、定量分析的主要依据。

根据城市规模和城市具体情况的不同,城市地下空间规划编制深度要求的也不同。基础资料的收集应有所侧重,不同阶段的城市地下空间规划对资料的工作深度也有不同的要求。一般来说,城市地下空间规划应具备的基础资料包括下面几个部分:

(1) 城市勘察资料(指与城市地下空间规划和建设有关的地质资料):主要包括工程地质,即城市所在地区的地质构造,地面土层物理状况,城市规划区内不同地段的地基承载力以及滑坡、崩塌等基础资料;水文地质,即城市所在地区地下水的存在形式、储量及补给条件等基础资料。

(2) 城市测量资料:主要包括城市平面控制网和高程控制网、城市地下工程及地下管线等专业测量图以及编制城市地下空间规划必备的各种比例尺的地形图等。

(3) 气象资料:主要包括温度、湿度、降水、蒸发、风向、风速、日照、冰冻等基础资料。

(4) 城市地下空间利用现状:主要包括城市地下空间开发利用的规模、数量、主要功能、分布及状况等基础资料。

(5) 城市人防工程现状及发展趋势:主要包括城市人防工程现状、人防工程建设目标和布局要求、人防工程建设发展趋势等有关资料。

(6) 城市交通资料:主要包括城市交通现状、交通发展趋势、轨道交通规划、汽车增长情况、停车状况等。

(7) 城市土地利用资料:主要包括现状及历年城市土地利用分类统计、城市用地增长状况、规划区内各类用地分布状况等。

(8) 城市市政公用设施资料:主要包括城市市政公用设施的场站及其设置位置与规模、管网系统及其容量等。

(9) 城市环境资料:主要包括环境监测成果、影响城市环境质量有害因素的分布状况及其他有害居民健康的环境资料。

## 2.2 城市地下空间规划的现状调查

### 2.2.1 城市地下空间现状调查的目的、内容、方法

城市地下空间利用，一般都有一个从少到多，从自发到自觉的发展过程，因此当有意识地要制订地下空间发展规划时，城市中必然或多或少存在一些已经开发利用了的地下空间。这些地下空间有些可以继续利用，纳入新制订的规划中，有少数质量很差已无法使用的早期工程，则应当废弃，使其不成为今后开发地下空间的障碍。这两种情况对于制订城市地下空间规划来说，都需要调查清楚，包括位置、数量、规模、质量、使用功能、利用价值等。

除地下空间利用现状外，地面空间利用现状也需要进行调查，因为地面上除开敞空间外，建筑物、构筑物以及各种城市设施的存在，都影响到其对应位置地下空间的开发利用，对浅层地下空间的开发影响更为直接。

地下空间利用现状调查工作十分庞杂、繁琐，需要有效的组织方式和大量人力的投入。一种方式是组织基层的机关干部，在所管辖范围内开展调查，由于存在上下级的关系，比较容易获得所需的资料；另一种方式是组织高等院校有关专业的学生，用课余或勤工俭学时间进行调查，这样在人力上易于保证。不论采取哪种组织方式，都应将人员分成组，按行政区划（区、街道或居委会）分配任务，拟订调研提纲，明确成果要求。调查成果集中后，由少数专业人员进行整理、综合、提出调查报告。

### 2.2.2 城市地下空间使用现状调查

这项调查主要对象是现有的各类地下建筑物，查清其位置、数量、建筑面积、层数、埋深、使用功能、环境质量、出入口布置等。下面以北京地下空间规划专题研究报告中的一些数据和汇总表格作为这项调查工作成果的示例。

（1）调查范围：东城区、西城区、宣武区（旧）、崇文区（旧）、朝阳区、海淀区、丰台区。

（2）地下建筑物数量：10700 个。

（3）地下建筑总建筑面积：2744 万 $m^2$。

（4）建筑物埋深：地下 10m 以上。

（5）地下建筑所处环境分类统计，见表 2.1。

**表 2.1**            **地下建筑所处环境分类统计（旧城局部）**

| 序 号 | 分 类 | 个 数 总 计 | 百 分 比（%） |
|---|---|---|---|
| 1 | 商业 | 607 | 7.01 |
| 2 | 居住 | 6416 | 74.10 |
| 3 | 办公 | 323 | 3.73 |
| 4 | 文教 | 268 | 3.10 |
| 5 | 旅游 | 28 | 0.32 |
| 6 | 医疗 | 78 | 0.90 |
| 7 | 混合 | 939 | 10.84 |

**注** 表 2.1~表 2.6 资料来源：胡斌，北京市区中心地下空间利用现状调查与分析，2006。

（6）地下建筑使用功能现状分类统计，见表2.2。

表 2.2　　　　　　　　地下建筑功能现状分类统计（旧城局部）

| 序　号 | 分　类 | 个　数　总　计 | 百　分　比（%） |
|---|---|---|---|
| 1 | 商业 | 532 | 4.08 |
| 2 | 住宅 | 2912 | 26.90 |
| 3 | 工业 | 48 | 0.45 |
| 4 | 宾馆 | 579 | 5.30 |
| 5 | 停车 | 857 | 7.90 |
| 6 | 文体娱乐 | 219 | 2.00 |
| 7 | 医疗 | 235 | 2.20 |
| 8 | 仓储 | 1048 | 9.70 |
| 9 | 宗教 | 10 | 0.15 |
| 10 | 建筑辅助设备设施 | 507 | 4.70 |
| 11 | 其他 | 493 | 4.60 |
| 12 | 闲置 | 1030 | 9.05 |
| 13 | 混合功能 | 2365 | 21.80 |

（7）地下建筑相对应的地面建筑使用功能现状分类统计，见表2.3。

表 2.3　　　　地下建筑相对应的地面建筑使用功能现状分类统计（旧城局部）

| 序　号 | 分　类 | 个　数　总　计 | 百　分　比（%） |
|---|---|---|---|
| 1 | 商业 | 622 | 5.85 |
| 2 | 住宅 | 7233 | 67.99 |
| 3 | 工业 | 99 | 0.93 |
| 4 | 宾馆 | 353 | 3.32 |
| 5 | 停车 | 106 | 1.00 |
| 6 | 文体娱乐 | 223 | 2.10 |
| 7 | 医疗 | 140 | 1.32 |
| 8 | 办公楼 | 836 | 7.86 |
| 9 | 宗教 | 3 | 0.03 |
| 10 | 历史建筑 | 9 | 0.08 |
| 11 | 城市公共空间 | 40 | 0.38 |
| 12 | 其他 | 297 | 2.79 |
| 13 | 混合功能 | 677 | 6.36 |

（8）地下建筑出入口类型统计，见表2.4。

**表 2.4** 地下建筑出入口类型统计（旧城局部）

| 序　号 | 分　类 | 个 数 总 计 | 百 分 比（%） |
|---|---|---|---|
| 1 | 独立设出入口 | 6170 | 67.99 |
| 2 | 与地铁站相连 | 311 | 3.43 |
| 3 | 与人行地下通道相连 | 223 | 2.46 |
| 4 | 与人防通道相连 | 1020 | 11.24 |
| 5 | 与其他建筑相连 | 299 | 3.29 |
| 6 | 混合开口类型 | 1052 | 11.59 |

（9）地下建筑深度统计，见表 2.5。

**表 2.5** 地下建筑深度（$H$）分布统计

| 序　号 | 分　类（m） | 个　数 | 百 分 比（%） |
|---|---|---|---|
| 1 | $H \leqslant 3$ | 3608 | 34.45 |
| 2 | $3 < H \leqslant 5$ | 4059 | 38.76 |
| 3 | $5 < H \leqslant 7$ | 2081 | 19.87 |
| 4 | $7 < H \leqslant 9$ | 342 | 3.27 |
| 5 | $H \geqslant 9$ | 382 | 3.65 |

（10）地下建筑内部环境状况分类统计，见表 2.6。

**表 2.6** 地下建筑内部环境状况分类统计（旧城局部）

| 序　号 | 分　类 | 个 数 总 计 | 百 分 比（%） |
|---|---|---|---|
| 1 | 良好 | 3634 | 31.73 |
| 2 | 一般 | 6503 | 56.77 |
| 3 | 较差 | 1317 | 11.50 |

## 2.2.3　地下埋藏物占用空间调查

除各类地下建筑物外，在地下空间中还有地面建筑的地下室和以各种构筑物为主的地下设施，包括地下管线，地下铁道的区间隧道和车站、公路隧道，过街人行通道等，部分城市还可能有一些地下历史文物、古迹，可统称为地下埋藏物。因地下埋藏物都占用一部分地下空间，对制订地下空间发展规划均有一定影响，故必须调查清楚。

（1）地面建筑的基础和地下室。一般情况下可以以建筑层数的 2.5 倍作为建筑物对地下空间资源影响的深度。基础本身的长度和地下室加起来往往超过 30m 的深基础，在其影响的范围内，地下空间的开发受到比较大的影响，开发利用代价较大。因此我们应该主要对浅基础的平面形式和结构形式进行调查研究，分析其改造和打通、并入城市地下空间开发利用系统的可能性。建筑物基础对地下空间资源影响深度情况见表 2.7。

**表 2.7**　　　　　　　　　　　建筑物基础对地下空间资源影响深度分级

| 建筑类别 | 建筑层数/高度（m） | 影响深度（m） |
|---|---|---|
| 低层建筑 | 1～3/高度≤9 | 6～10 |
| 多层建筑 | 4～9/9＜高度＜30 | 10～30 |
| 高层建筑 | 10～29/100≥高度≥30 | 30～50（或到基岩） |
| 超高层建筑 | 30 以上/高度＞100 | 大于 50（或到基岩） |

　　（2）市政设施管线。这些管线过去多分散直埋在城市道路下的土层中，对今后浅层地下空间的开发利用影响很大，故必须对各类管线的位置、走向、管径、埋深、影响范围等进行详细调查，以平面和剖面图表明现状，并注明铺设时间和质量状况。对于主干管线，宜将各类管线的调查结果叠加成一种现状综合图，对于今后开发利用道路下面地下空间有参考作用。

　　（3）各类交通隧道。对各类隧道的长度、走向、截面面积、埋深、出入口位置等进行调查，综合成隧道占用地下空间的范围，以平面上占用的面积和竖向上占用的深度表示。

　　（4）人民防空工程。人民防空工程曾经是我国城市地下空间利用的主体，当时缺少工程的规划与设计，质量比较差，仅有一部分尚能继续使用；又由于缺少档案资料，情况不明，常常成为城市建设中的障碍。对地下空间规划影响较大，必须调查清楚。人民防空工程内容较多，可以作为一个独立项目单独调查，也可能将其分解为地下建筑物（单建式工程）、建筑物地下室（附建式工程）、地下构筑物和连接通道，分别进行调查。

　　现以 1990 年进行的北京市旧城区地下埋藏物现状调查的结果，作为这项调查工作的示例，具体见表 2.8。

**表 2.8**　　　　　　　　　　　北京旧城区地下埋藏物现状统计

| 道路地下面积（万 m²） | | | 街区地下空间面积（万 m²） | | 合计 |
|---|---|---|---|---|---|
| 地下管线 | 地下铁道 | 地下过街道 | 单建式人防工程 | 附建式人防工程 | （万 m²） |
| 239.06 | 27.00 | 0.50 | 40.59 | 38.60 | 345.75 |

## 2.2.4　城市地面空间现状调查的目的与任务

　　为了查明浅层地下空间可供合理开发和有效利用的资源量，需要排除与地面有保留价值的各类城市用地相对应的地下空间范围，一般来说，这类用地包括城市中的高质量建筑物和城市设施、文物古迹、公共绿地和水面；而道路、广场、空地，以及没有保留价值的建筑的用地，则对浅层地下空间的开发影响较小，这类用地实际上也正是城市立体化再开发的适宜位置。当然，城市矛盾集中的中心地区和交通枢纽地区或特殊地区的城市再开发，也经常给地下空间的开发利用带来良好的契机。因此，地面空间容量现状调查的主要目的，是查明在正常条件下影响浅层地下空间开发的范围和界限，并分别对其占地面积进行统计，取得定量的调查结果。因此，调查的任务主要有：

　　（1）查明规划范围内有保留价值的高质量建筑物、高质量民居、文物古迹、重要建筑，以及公共绿地和水面的分布和占地面积，从而确定地面上需要保留的空间的分布和范围。

　　（2）查明规划范围内的城市道路、广场、空地，以及没有保留价值建筑物的分布和占地面积，从而确定需要再开发空间的分布和范围。

　　（3）按街区统计建筑密度、容积率和建筑高度，查明不同建筑高度、密度和容积率的分布，以判明城市的发展水平和发展阶段。

（4）对各项调查结果进行测量、计算和统计，建立地面空间容量现状调查数据库，为扩大城市空间容量和进行城市的立体化再开发提供信息和依据。

（5）分项绘制分布图和分析图，叠加绘制调查结果的综合图，为浅层地下空间资源调查提供保留空间的位置、范围和面积，为制订城市立体化再开发规划提供直观的基础资料。

（6）依靠航空遥感彩色照片进行地面现状的调查，提出遥感技术在城市规划领域中应用的方法和规律。

## 2.2.5 城市地面空间现状调查的内容

### 1. 道路、广场、空地、绿地、水面的分布

道路、广场、空地对浅层地下空间开发的障碍最小，故应划入再开发空间范围之内。对于绿地则要具体分析，有些公共绿地是与园林联系在一起的，应属保留空间范围；多年生植物较多的公共绿地，也不宜由于开发地下空间而使植被遭到破坏。此外，河湖水系一般也应属于保留空间的范围。

道路分布状况的调查以原有路网结构为基础，为方便计算，以街区外部的分界性道路作为量测对象，街区内的狭窄道路只做指示标志用，不进行量测计算。在进行道路面积计算时，取两侧建筑红线之间距离作为道路宽度。

广场和空地虽然性质不同，但都属于城市中没有被建筑物和其他设施所占用的场地，对于调查地下空间资源的分布，没有加以区别的必要，因此这部分调查的内容包括城市广场、大型公共建筑前及企事业单位内部的集散广场、停车场、回车场、简易的运动场，以及街区内未被建筑物占用的面积较大的开敞地段。

绿地在这里是指公共绿地、专业绿地及面积较大的街头绿地，行道树等不计，街区内的小面积绿地、庭院及私用绿地亦不计入，已作为空地考虑。

水面也是城市用地的一部分，是城市环境、生态和历史风貌的重要内容，应通过航片准确判读标绘。

### 2. 建筑高度的分布

衡量地下空间开发施工对原有建筑的影响，计算建筑总面积及容积率，判读建筑质量，都需要建筑高度（或层数）的详细资料。建筑的绝对高度和层数都能反映建筑物高出地面的程度，但建筑层数更容易判别，也能直接地反映与高度方面有联系的容积率计算。在调查中，为简化判读，便于与层数有关的计算和推断与层数有直接联系的建筑质量问题，用层数指标表示建筑高度方面的特征。

建筑层数的判读与地物识别相比难度较大，可以根据航片重叠所显示的建筑侧立面数出开窗层数，及利用地面阴影长度或宽度推算建筑高度，再反算出建筑层数。

### 3. 建筑质量分布

建筑质量的调查是为查明旧城改造中有保留价值的质量较好的建筑，同时也就区别出质量一般或破旧的建筑。这是旧城改造中要分别对待的不同对象。城市空间理论容量的估算和浅层地下空间资源分布的调查都要求对有保留价值的建筑和无保留价值的建筑的分布进行调查。

建筑质量是指建筑物建成后按设计要求能够合理使用的耐久时间，以使用期限衡量，

27

同时也代表了拆除的难度。客观判定建筑质量的现状应包括建筑结构类型、建筑高度（层数）、已使用的年限三个因素。为简化工作程序，应把已使用的年限及损伤程度单独作为一项因素来调查，即调查危旧房的分布。因此建筑质量是按结构类型与层数判定的。

建筑结构类型是建筑质量分类的重要因素。建筑结构种类一般有砖混结构、钢筋混凝土框架结构、钢结构。在建筑结构判读中，把钢筋混凝土结构统称为Ⅰ类结构，把砖混结构与木结构统称Ⅱ类结构。

结构类型的判读需要利用专业知识和经验，根据建筑物的外观形式、色彩、材料、开窗情况及建筑类型与建筑结构的内在逻辑关系来进行，并通过现场调研，抽样校验，总结和完善判读的经过与规律，建立判别标志。

4. 文物古迹及重要建筑

宫殿、庙宇、皇家园林、王公府邸，以及有纪念意义的名人故居及革命文物等，都需要进行调查，确定其位置、特征、占地面积，对其中有保留价值者，在其影响范围内一般不宜开发浅层地下空间。

以上调查内容主要可利用遥感技术，使用航拍影像图片进行分析、判读，但有些建筑或地面物体仅根据航片影像并不能完全准确地推断其真实特征，影像特征识别标志的建立也不完备，有些局部性定量或定性分析的问题尚未妥善解决。这就需要用现场勘察、实地观测和抽样校验等常规手段予以补充，并检验调查量算的结果。有些内容，如航片难以表达的社会人文方面的资料和建筑使用情况等，还必须用较多的常规手段。

图 2.1 是地面空间现状调查综合成果举例，该图为北京市前门地区 3—2—2 地块（调查分区编号）地面保留空间分布图，图中打斜线部分为保留空间，即在这些范围内，不宜开发利用地下空间。

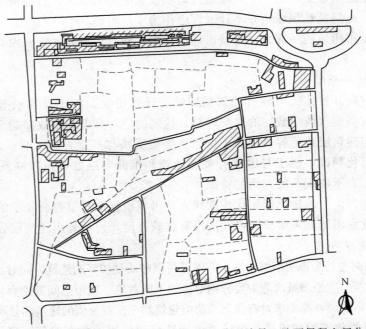

N

图 2.1　北京市前门地区 3—2—2 地块（调查分区编号）地面保留空间分布图

# 第3章　城市地下空间的总体布局与形态

　　城市的总体布局是通过城市主要用地组成的不同形态表现出来的。城市地下空间的总体布局是在城市性质和规模大体定位、城市总体布局形成之后，在城市地下可利用资源、城市地下空间需求量和城市地下空间合理开发的研究基础上，结合城市总体规划中的各项方针、策略和对地面建设的功能、形态、规模等要求，对城市地下空间的各组成部分进行统一安排、合理布局使其各得其所，将各部分有机联系后形成的。城市地下空间布局是城市地下空间开发利用的发展方向，用以指导城市地下空间的开发工作，并为下阶段的详细规划和规划管理提供依据。

　　城市地下空间布局，是城市社会经济和技术条件、城市发展历史和文化、城市中各类矛盾的解决方式等众多因素的综合表现。因此，城市地下空间布局要力求合理、科学，能够切实反映城市发展中的各种实际问题并予以恰当解决。

　　城市中地下空间规划应为点、线、面的结合。点即城市繁华区中心的地下综合设施，线即通过地下交通网络进行连通，面即新城、旧城、交通、公共场所等各种类型功能的地下空间进行整体规划，并根据当时的承受力状况规划近期、中期、远期的地下空间开发利用程度。

　　规划中以地下交通工程为依托、连接各个中心的地下综合体。地下综合体包括出入口、连通口、通道、车站、广场、地下商业街、地下车库、步行街等，根据多种因素，综合体规模及功能可大可小，通常地下铁道车站与综合体组合，然后连接若干个综合体。地下空间规划中尽可能考虑市政管网廊道建设的可能性，如条件限制不能建设也要从将来建设的角度去规划。因为随着城市地下空间的开发，社会化程度的提高，市政管线廊道的建设是必然的趋势，否则将不能满足城市集约化的水平。

　　城市繁华地段地下空间规划的主要单体建筑内容以地下商业街、地下铁道、地下停车场、下沉式休闲广场、立交公路及快速公路为主，且各单体又有独立的单体规划与设计；在城市非繁华区的安静地段如条件允许可考虑规划地下居住建筑，该建筑应以半地下和覆土式为主，避免全埋式居住建筑，因为全埋式居住建筑就目前的技术水平来说，很难达到与地面建筑空间环境相同的水准。同时，自然景观是居住者最需要的，而全地下住宅达不到这一点。地下、半地下式的居住建筑的采光、通风、绿化可通过采光井、窗及下沉式广场解决。

　　地下空间建筑规划要考虑到室内外环境，这就需要光、声、热、风等环境的形成，使使用者感到如同地面空间一样。同时还要考虑到防灾减灾及对战争的防护等级抗力要求，把地下空间规划同城市建设、人防建设有机结合起来。在和平时期，地下空间作为城市空间的组成部分，在战时，经过临时加固即可形成具有一定防护等级的地下掩蔽、疏散中心。为了更加深入了解，我们把城市地下空间的规划与设计特点总结如下：

　　（1）地下空间工程规划受到原有城市规划的限制。原有城市规划基本上没有或较少考虑地下空间的规划问题，原有城市规模越大，越集中，则用地矛盾越突出，因而地下空间开发利用规划就越重要。

（2）地下空间规划应结合地面建筑的地下室开发利用进行。地下室的开发利用是地面空间资源的一部分，目前大多地面建筑都利用多、高层建筑开发地下建筑，多层建筑的地下 2 层及高层建筑的地下 3～8 层建筑已多见，这样其影响深度可达几十米。日本地下街就起始于地面建筑的地下室相连而形成，因此，早期的地下街比较混乱。

（3）次浅层以内的地下空间工程规划常结合地面道路进行。这包括城市地下铁道、公路隧道、自行车道等交通设施，一般同地面城市道路相统一。

（4）次浅层以内的地下公共空间建筑常结合城市的广场、绿地、公园、庭院进行规划，如城市广场下的地下公共建筑，公园下的地下健身项目，庭院的地下或下沉式广场及景观等。

（5）由于造价的影响，地下空间利用常使投资者望而却步，加之地下空间是全封闭状态，在阳光、自然通风环境、绿化及环境艺术方面不如地面状况，因而封闭的地下空间不宜长期居住。上述这些因素使地下资源的利用受到一定程度的影响。

（6）地下空间规划受地质条件影响很大，技术条件要求地下空间建筑必须认真对待不同土层的影响，甚至水的影响，如越江（海）隧道项目。

（7）地下空间工程范围较广泛、类型多、技术条件复杂，是城市防灾减灾的重要组成部分，具有防护功能，地下市政公用设施工程又是城市生命线工程的重要组成部分，考虑工程防护方面。

（8）地面城市建设在科学与技术方面创造了现代化奇迹，给人们的生产与生活带来便利。其负面影响是不断挤占农田耕地，破坏了环境生态，使江、河、大气受到严重污染，又影响了人们的生活及损害人们的身体健康。地下空间建筑规划可使上述状况得到最理想的解决。

（9）地下空间规划反映不出城市的景观艺术，室内艺术表现成为主要方面，在功能方面更适合公共、工业、国防与人防、交通及市政设施，地下居住建筑不适合全埋式，因而发展为覆土建筑及窑洞建筑，因为人的生活常离不开地面阳光、绿化、清风、宜人的自然环境，这些特征在地下空间有很大的局限性。即使人类科学技术达到较高水平，如解决了光线、绿化与室内良好环境等，人类仍然需要回归自然环境中。

当然，城市地下空间布局受到社会经济等历史条件和人的认识能力的限制，同时由于地下空间开发利用相对滞后于地上空间，因此，随着城市建设水平的不断提高，人们对城市地下空间作用认识的不断加深，对城市地下空间布局也将不断改变和完善。所以，在确定城市地下空间布局时应充分考虑城市的发展和人们对城市地下空间开发利用认识的提高，为以后的发展留有余地，即对城市地下空间资源要进行保护性开发，这在城市规划中常称"弹性"。

## 3.1　城市地下空间功能、结构与形态的关系

城市规划的重要工作之一是合理安排整个城市的空间，要合理全面地论证住宅、道路、商业、餐饮业、文化、教育、体育、休息和娱乐等用地空间的位置、范围及各功能空间之间的有机结合关系。城市人们的生活的空间变得越来越窄，为了合理解决问题，有两

条主要途径,即城市规划与建设既要向空中发展,又要向地下发展,也就是对现代城市进行立体规划与立体开发。因此,从整体、长远的利益出发,合理开发利用地下空间,使地下空间利用形式与有限的地上设施相互协调、补充,创建宜人舒适的城市环境,建立生态城市,就成为现代城市的可持续发展的关键问题。

地下空间规划是城市总体规划的组成部分,对指导城市当前的建设和未来的发展都有着至关重要的作用,具有法律效力,因此在其编制过程中必须有严格的组织和严格的程序,遵循城市地下空间的功能,并涵盖城市地下空间开发与利用的多种功能。城市的立体规划与立体开发,是城市沿三维方向进行规划和开发,必须处理好地面、地上、地下建设的互相关系。地面、地上、地下建筑都各有利弊,城市规模向横向扩展,会占用大量土地,加剧农业与城市争地的矛盾。向空中发展,修建高层建筑和构筑架空交通,建设投资大,建筑材料质量要求高,投入使用后所需要的消耗能源更多,还需要有其他公用设施配套后才能使用。而地下建筑一般造价高,地下的空气保持新鲜是一大难题,地下的封闭性、缺乏自然光线会带给人们心理和生理的不同影响。所以,对城市的立体规划与立体开发,应当处理好三者的关系。

城市地下空间布局的核心内容是研究城市主要功能在地下空间的分布和演化规律。其主要任务是将地下空间各组成部分按其不同功能要求和发展序列有机地组合在一起。将城市地下空间功能、结构、形态作为研究城市地下空间布局的楔入点,便于从本质上把握地下空间发展的内在关系,提高城市地下空间规划的合理性和科学性。

城市地下空间是城市空间的一部分,因此城市地下空间布局与城市总体布局密切相关。城市地下空间的功能活动,体现在城市地下空间的布局之中,把城市的功能、结构与形态作为研究城市地下空间布局的楔入点,有利于把握城市地下空间发展的内涵关系,提高城市地下空间布局的合理性和科学性。

### 3.1.1 城市发展与城市地下空间功能演化

城市是由多种复杂系统所构成的有机体。城市功能是城市存在的本质特征,是城市系统对外部环境的作用和秩序。城市地下空间功能是城市功能在地下空间上的具体体现,城市地下空间功能的多元化是城市地下空间产生和发展基础,是城市功能多元化的条件。但一个城市地下空间的容量是有限的,若不强调城市地下空间功能的分工,势必会造成城市地上地下功能的失调,无法实现解决城市各种问题的目的。

1933年现代国际建筑协会(CIAM)的主题是"功能城市",发表了《雅典宪章》,明确指出城市的四大功能是居住、工作、游憩和交通。因此,城市地下空间的功能也应围绕这四种功能,充分发挥城市地下空间的特点,为实现城市居住、工作、游憩的平衡作贡献。

城市地下空间的开发利用是人们为了解决不断出现的城市问题而寻求的出路之一,因此,城市地下空间功能的演化与城市发展过程密切相关。在工业社会以前,由于城市的规模相对较小,人们对城市环境的要求相对较低,城市交通矛盾不够突出。因此城市地下空间开发利用很少,而且其功能也比较单一。进入工业化社会后城市规模越来越大,城市的各种矛盾越来越突出,城市地下空间就越来越受到重视。最典型的标志是1863年世界第一条地铁在伦敦建造,这标志着城市地下空间功能从单一功能向以解决城市交通为主的功能转化。此后世界各地也相继建造了地铁，以解决城市的交通问题。

随着城市的发展和人们对生态环境要求的提高，特别是 1987 年联合国环境与发展委员会提出城市可持续发展议程后，城市地下空间的开发利用已经从原来以功能型为主，转向改善城市环境、增强城市功能并重的方向发展。世界许多国家的城市出现了集交通、市政、商业等为一体的综合地下空间开发，如巴黎拉·德方斯地区、加拿大蒙特利尔地下城、北京中关村西区等综合型地下空间开发项目。

今后，随着城市的发展，城市用地越来越紧张，人们对城市环境的要求越来越高，城市地下空间功能必将朝以解决城市生态环境为主的方向发展，真正实现城市的可持续发展。

### 3.1.2　城市地下空间功能、结构与形态的关系

城市地下空间功能是城市地下空间发展的动力因素，是地下空间存在的本质特征。而形态是表象的，是功能与结构的高度概括，他映射地下城市发展的持续和继承，体现鲜明的城市个性和环境特色。对城市地下空间形态的探究，不仅是模式的追求，而是一种发展战略研究，他来自更高目标的追求。城市地下空间功能与形态的协调是地下空间兴衰的标志，也是增强城市功能的关键。

城市地下空间结构是内涵的、抽象的，是城市地下空间构成的主体，分别以经济、社会、用地、资源、基础设施等方面的系统结构来表现，非物质的构成要素如政策、体制、机制等也必须予以重视；城市地下空间结构也就是地下空间脉络，是地下空间形态在空间上的物质表现形式，主要指地下空间的发展轴线，如城市地铁或其他地下交通设施，他具有强大的推动力，是地下城市增长的活力，是城市地下空间功能活动的内在联系。城市地下空间功能和结构之间相互促进，一方面，功能变化往往是结构变化的先导，城市地下空间常因功能上的变化而最终导致结构上的变化；另一方面，结构一旦发生变化，又要求有新的功能与之相配合，通过城市地下空间功能、结构和形态的相关性分析，可以进一步理解城市地下空间功能、结构和形态之间相关的影响因素，在总体上力求强化城市地下空间综合功能，完善城市地下空间结构，以创造完美的地下空间形态。

## 3.2　城市地下空间功能的确定

地下空间作为城市空间的一个整体，可以吸收和容纳相当一部分城市功能和城市活动，与地面上的功能和活动互相协调与配合，使城市发展获得更大的活力与潜力。

城市地下空间利用尽管内容广泛，但不可能也没有必要容纳城市的全部功能，因此存在一个分工与配合的问题，即哪些功能在哪一个时期宜保留在地面上，哪些内容在什么条件下转入地下空间是合适的。

一般看来，城市浅层地下空间适合于人类短时间活动和需要人工环境的内容，如出行、业务、购物、文体活动等。

对于根本不需要人或仅需少数人实行管理的一些内容，如物流、储存、废弃物处理与储存等，应在可能条件下最大限度地安排在地下空间中。

此外应当强调的是，转入地下空间的城市功能，只有适应并发挥了地下环境的特性，才能

产生最大的效益，否则不但无助于城市空间的拓展，还将造成不良的社会、经济后果。

### 3.2.1　城市地下空间功能的确定原则

　　地下空间资源的调查和评估，提供了开发的可能性和可供有效利用的范围。为了使可能性成为现实，需要制订一系列的原则、方法、步骤、开发规模、利用内容、实施方案等指导性文件，这就是地下空间开发利用总体规划。

　　在此基础上，再制订分区的或分项的详细规划。从理论上讲，城市地下空间开发利用规划应当是城市立体化发展规划的一个组成部分，过去的经验和未来的发展都足以说明制订这样一种统一的发展规划的必要性和重要性。

　　开发利用城市地下空间的最终目的有两个：扩大城市空间容量和提高城市生活质量，开发利用规划主要应反映这两方面的需要。

　　将城市所能提供的地面和地下空间资源量与城市发展对空间的需求量相对照，即可大致确定地下空间在不同时期的需求量和需要开发的规模。

　　（1）城市地下空间工程规划的编制应纳入城市总体规划之中，遵循国家有关的方针、政策。

　　（2）城市地下空间工程规划应以保护城市的历史原貌，节约土地和扩大美化地面为基准，以保护环境生态为出发点。

　　（3）城市地下空间工程规划应根据地区发展水平及经济能力进行，分步实施近、中、远期规划目标，分层实行立体综合开发。

　　（4）城市地下空间工程规划应该从保障和改善城市地面空间物理环境，降低城市耗能入手。以改善地面生活环境为原则，做到不重新污染和破坏自然环境。

　　（5）应将对城市环境影响较大的项目规划在地下。如交通、市政管线（水、电、气、热等）、工业、公共建筑（商店、影剧院、娱乐健身等项目），将居住、公园、园林绿化、动物园、娱乐休息广场、历史保护建筑留在地面或将居住建筑规划在地面及地下浅层空间内。居住建筑规划在地下时，应保证阳光、通风、绿化的实现。

　　（6）城市地下空间工程规划应结合城市防灾减灾及防护要求进行，因为地下空间对地震等各种灾害的防护，以及包括对核袭击在内的各种武器的防护具有独特的优越性。

　　城市地下空间工程的实施也是人类工程科学的体现，21世纪是地下空间开发利用蓬勃发展的世纪，这是人类科学发展到今天对环境保护重新认识的必然结果。

### 3.2.2　城市地下空间的主要功能

　　（1）居住空间：地下室或半地下室中的居住环境条件一般不如地面，属于低标准的居住条件。日本有法律禁止在地下室中住人，就是出自这种考虑。在经济和技术方面都达到一定水平后，或由于某种特殊需要，例如为了节能，使地下居住环境接近地面上的标准还是可能的，在可以预见的未来，大量人口到地下空间中居住是不现实的。

　　（2）业务空间：作为办公、会议、教学、实验、医疗、社会福利等各种业务活动的地下空间。这些一般不需要天然光线的短时间活动内容，当具备良好的人工环境时，安排在地下空间内是很适合的。

（3）商业空间：商业本身也是一种业务活动，包括批发、零售、金融、贸易等，因一般规模较大，参与活动的人数较多，在地下空间中的商业活动又较普遍。故可作为一项独立的内容。商业活动在地下空间中进行，可吸引地面上大量人流到地下去，有利于改善地面交通，在一些气候严寒多雪或酷热多雨地区，购物活动在地下空间更受居民欢迎。但是由于地下环境封闭，在人员非常集中的情况下，必须妥善解决安全与防灾问题。

（4）文化活动空间：像文化、娱乐、体育等活动，即使在地面建筑中，也多采用人工照明和空气调节。因而在地下空间中进行就更为合适，但其中影剧院由于人员集中，疏散不便，在没有可靠的安全措施时，是不宜布置的。

（5）交通空间：这是城市地下空间利用开始最早和迄今最为普遍的一项内容，也是目前在城市生活中起作用最大的一种地下设施。

城市动态交通的一部分转入地下后，因快速、方便、安全、不受气候影响而受到广泛的欢迎。快速轨道交通、高速公路和步行道路均可布置在地下，承担城市客运量的相当部分。

地下空间还为城市静态交通服务，如车站设在地下，乘降和换乘方便，减少地面上的人流；停车场放在地下，容量大，位置适中，节省城市用地。

（6）物流空间：主要是指各种城市公用设施的管线等所占用的地下空间，包括各个系统的一些处理设施，如自来水厂、污水处理场、垃圾处理场、变电站等。其中管线过去多分散直接埋置在浅层地下空间中，对城市建设和地下空间的综合利用不利，因此发展方向应当是综合化、廊道化。从长远看，一些物资的运输，如邮件、日用商品、食品等，在地下进行是完全可能的。

（7）生产空间：在地下进行某些军事工业、轻工业或手工业生产是适宜的，特别对于精密性生产，地下环境就更为有利。

（8）储存空间：地下环境最适合于储存各种物资，故地下储库是地下空间利用最广泛的内容之一。在地下储存物资成本低，质量高，经济效益显著。此外，封闭的环境对于储存珍贵图书、文物、贵金属等，比在地面上安全得多；把某些危险品和有害的城市废弃物储存在深层地下空间中，对安全和环境都是有利的。

（9）防灾空间：地下空间对于各种自然和人为灾害都具有较强的防护能力，因而被广泛用于防灾。在近几十年中，一些国家建造了大量地下核掩蔽所等民防工程，这些工程对于平时的防灾也是有效的，无灾害时可以发挥其他使用功能。

（10）埋葬空间：不论是实行土葬还是火葬，利用地下空间都符合许多民族和国家的传统习俗；问题在于在地下埋葬后，在地面上仍要占用一块土地。应采取移风易俗措施，使埋葬、存放、殡仪、纪念等活动均能在地下空间中进行。

此外，中国等历史悠久的国家，地下埋藏的古墓和文物很多，这些文物和古墓所占用的地下空间，应妥善保留起来，这也是地下空间利用的一项内容。

## 3.3　城市地下空间布局

城市地下空间开发利用规划布局，应首先从以下三个方面考虑：

（1）对地下空间容量进行测算：首先应该对本市的地质情况进行调查分析评估，据此将地下空间开发深度分层，确定现在、近期、中期、远期的开发层次，科学地估算出可供开发地下空间容量。

（2）确定开发层次：包括地下空间地深度开发顺序和功能开发顺序。在确定深度开发顺序时，要注意浅层空间不应该成为深层开发的障碍；在确定功能开发顺序时，要根据各地段的城市功能，确定重点层次、中间层次及其最终目标。

（3）处理好地下空间规划和人防规划之间的关系：首先，人防规划应是城市地下空间规划的一部分，要根据本市的防护级别以及城市人口数量来确定城市人防的总体规模，并以此为依据来进行人防专项规划；其次，在进行人防专项规划时应该注意与地下规划的衔接，做到地下空间资源的合理配置。因此在进行城市地下商业空间、娱乐空间、停车空间等项目规划时，要研究确定能够实现平战转换的项目。

## 3.3.1　城市地下空间布局的基本原则

尽管城市地下空间布局是城市规划的一部分，但由于地下空间布局几乎涉及所有的城市功能，需要考虑城市社会、经济、环境等各项要素；同时也是一个相对独立的开放的巨系统，需要综合考虑许多方面的问题等，诸如上下部空间的协调、地下多种设施之间的协调、技术经济以及人的生理、心理问题。在研究城市地下空间布局时，除要符合城市总体布局必须遵循的基本原则外，还应遵循以下基本原则。

### 1. 低碳、可持续发展原则

地下空间在低碳方面的主要优势有两个方面：一是修建地下的快速道路，通过地下可以解决一氧化碳的排放，汽车的尾气也可以收集、处理，在改善环境的同时，可降低一氧化碳的排放。另一个是构建地下物流系统，地下物流系统可以有效减少氮氧化物和二氧化碳的排放量。

可持续发展的概念"既满足当代人的需求，又不损害子孙后代满足其需求能力的发展"，可持续发展涉及经济、自然和社会三个方面，城市地下空间规划作为城市总体规划的专项规划，在城市地下空间布局中坚持贯彻可持续发展的原则，力求以人为中心的经济社会自然复合系统的持续发展，以保护城市地下空间资源、改善城市生态环境为首要任务，使城市地下空间开发利用有序进行，实现城市地上地下空间的协调发展。

### 2. 上下部空间协调原则

城市地下空间布局必须是对城市上下部空间的整体利用，维护和保障城市整体利益和公众的利益。城市上下部结构的协调发展是城市地下空间规划重要组成部分，城市下部结构之对应于城市上部结构，具有从属性和制约性，它们经历着从制约到协调，再由协调到制约这样一个演化过程。在地下空间开发中，辩证地协调两者的发展，以求达到城市布局结构的优化。在整体开发的同时，应坚持以人为本的原则。"人在地上，物在地下"；"人的长时间活动（如居住、办公）放在地上，短期行为（如出行、购物）放在地下"；"人在地上，车在地下"等。目的是建设以人为本的现代城市，与自然相协调发展的"山水城市"，将尽可能多的城市空间留给人类活动。

### 3. 等高线原则

根据城市土地价值的高低可以绘出城市土地价值等高线，一般而言，土地价值高的地区，城市功能多为商业服务和娱乐办公等，地面建筑多，交通压力大，经济也最活跃。根据城市土地价值等高线图，可以找到地下空间开发的起始点及以后的发展方向。无疑，起始点应是土地价值的最高点，这里土地价格高，城市问题最易出现，地下空间一旦开发，经济、社会和防灾效益都是最高的。沿此方向开发利用地下空间，既可避免地上空间开发过于集中、孤立的毛病，又有利于有效地发挥滚动效益。

4. 远期与近期相呼应原则

城市地下空间的开发与建设对城市建设起着至关重要的作用，是一次涉及大系统、大投资的决策行为，并且在很大程度上具有不可逆性。在经济实力和技术水平尚不具备大规模开发条件时，若盲目在城市重要地段进行开发，势必造成地下空间资源的浪费，成为今后高层次开发的障碍。由于各地经济发展不平衡，城市问题突出、经济实力较强的城市可以进行大规模的地下空间开发利用，但必须从前期决策到项目实施以及具体规划设计都要作出详细论证。即使暂无条件开发的城市也应着手前期研究，减少建设的盲目性，树立城市建设全局和长远的观点。

### 3.3.2　城市地下空间的平面布局

城市地下空间布局的主要任务是合理组织各种地下功能空间。即根据城市结构、城市发展方向、城市上部空间规划以及地下空间利用现状，将可置入或已置入地下的多种城市功能有机地组织起来，成为一个功能实体或地下空间系统。

城市地下空间形态是城市地下空间功能的体现，与城市地面空间形态不同的是，城市地下空间是一种非连续的人工空间结构，需要经过系统的规划和长期的发展才能逐步形成连续的空间形态。城市地下空间形态由平面形态和竖向形态构成，在水平方向是指城市地下各个要素的空间分布模式，竖向形态是平面形态在垂直方向上的延伸。

根据城市地下空间发展的特点，地下空间形态可以分为三类基本形态和三类衍生形态。即由相关的点、线和面通过不同的组合将城市地下空间构成辐射状、脊状或整体网络型。衍生形态的意义在于它能够使连接起来的点、线、面产生出单个形态所不能完成的功能。

（1）点状：点状地下空间是相对于城市地下空间总体形态而言，它是城市地下空间形态的基本构成要素，也是功能最为灵活的要素，由城市中占据较小平面范围的各种地下空间形成。点状地下空间分布于城市各处，一般偏重于城市中心、站前广场、集会广场、较大型的公共建筑、居住区等城市矛盾的聚合处。与城市地面功能相协调的点状地下空间设施，对于解决现代城市中人车分流和动静态交通拥挤等问题具有非常重要的作用。"点"有大有小，大的可以是功能复杂的综合体，如城市地铁站是与地面空间的连接点和人流集散点，同时伴随着地铁车站与周边区域的综合开发，可以形成集商业、文娱、人流集散、停车为一体的多功能地下综合体。小的可以是单个商场、地下车库、人行道或市政设施的站点，如地下变电站、地下垃圾收集站等。

（2）线状：线状地下空间也是相对于城市地下空间总体形态而言，它是点状地下空间在水平方向的延伸或连接。线状地下空间设施是城市地下空间形态构成的基本要素和关键。呈线状分布的地下空间主要指地铁、地下道路，以及沿着街道下方建设的地下设施如市政管线、地下管线综合管廊、地下排洪（水）暗沟、地下停车库、地下商业街等，另外相邻点状地下空间之间连通也可成为线状空间。线状地下空间设施是构成城市地下空间形态的基本骨架，它将地下分散的空间连成系统，提高整体开发的效益。现阶段，我国大部分城市在地下空间开发利用方面缺乏对线状空间作用和地位的认识，没能形成整体空间形态。

（3）面状：城市面状地下空间的形成是城市地下空间形态趋于成熟的标志，它是城市地下空间发展到一定阶段的必然结果。多个较大规模的地下空间相互连通，形成面域。这种形态主要出现在城市中心区等地面开发强度相对较大的地区，主要由大型建筑地下室、地铁（换乘）站、地下商业街以及其他地下公共空间组成。这种形态需要在地下空间经过合理规划的基础上逐步形成，旧区改造中若早期开发没有考虑连通预留则难度较大，而在城市新中心区比较容易形成。

（4）辐射状：以大型地下空间设施为核心，通过与周围其他地下空间的连通，形成辐射状。这种形态出现在城市地下空间开发利用的初期，即通过大型地下空间设施的开发，带动周围地块地下空间的开发利用，使局部地区地下空间设施形成相对完整的体系，这种形态多以地铁（换乘）站、中心广场地下空间为核心形成。

（5）脊状：以一定规模的线状地下空间为轴线，向两侧辐射，便形成脊状地下空间形态。这种形态在没有地铁车站的城市中比较常见，主要是沿着街道下方建设的地下街或地下停车库，与两侧建筑下的地下商业空间或停车库连通。这种形态在日本城市较多出现。

（6）网络状：网络状地下空间形态是相对于城市地下空间总体形态而言的，即以城市地下交通为骨架，将整个城市的地下空间采用多种形式进行连通，形成城市地下空间的网络系统。日本研究的城市中心区地下公路和地下停车系统也是一种新型的网络状地下空间形态。

### 3.3.3 城市地下空间的竖向布局

目前，世界上地下空间开发层次多数处在地下50m的浅层范围。我国城市地下空间开发利用主要研究地下30m以上空间。城市地下空间总体规划阶段，城市地下空间的竖向分层的划分必须符合地下设施的功能和性质要求，分层的一般原则是：该深则深，能浅则浅；人货分离，区别功能。城市浅层地下空间适合于人类短时间活动和需要人工环境的内容，如出行、业务、购物、外事活动等。对根本不需要人或仅需要少数人员管理的一些内容，如储存、物流、废弃物处理等，应在可能的条件下最大限度地安排在较深的地下空间。

竖向规划上应将城市地上、地下空间作为一个整体，根据土地和经济的适宜性，实行最大深度的立体开发，最大限度地发挥其功能。城市竖向空间的分层与人们对城市垂直方向空间区位的集聚密切相关。竖向层次的划分除与地下空间的开发利用性质和功能有关外，还与其在城市中所处的位置、地形和地质条件有关，应根据不同情况进行规划，特别要注意高层建筑对城市地下空间使用的影响。

综合以上，城市地下空间的垂直区位越是接近地面层，其空间性质越是趋向开放和密集，其区位价值越高，越适合发展城市公共空间。地下建筑空间和地面城市空间的层叠，加强了地下建筑与城市的整合，从而促进城市竖向空间形态的发展和完善。城市地面与地下空间分工情况见表3.1，图3.1是人类利用城市地下空间的构想。

| 表 3.1 | 城市地面与地下空间分工情况 | | | |
|---|---|---|---|---|
| 层面 | 建筑红线内用地 | 道　路 | | 公园、广场 |
| 高空<br>（50m 以上） | 旅游观光、部分办公空间 | | | |
| 城市上空<br>（21～50m） | 居住和办公为主、部分商业、娱乐<br>和精密性生产 | | | |
| 地表附近<br>（0～20m） | 几乎所有的城市功能（居住、业<br>务、商贸、文娱、教育、生产、储<br>藏、休憩、绿化等） | 高架道路 | | |
| | | 步行道 \| 车行道 \| 步行道 | | 防灾避难场地 |
| 浅层<br>（0～-10m） | 商贸、住宅、业务、文娱、交通、<br>建筑设备层 | 地下道路<br>地下隧道、地铁车站<br>商业街<br>市政公用设施、停车场、<br>市政公用设施 | | 停车场<br>商业、文娱<br>防灾避难设施<br>公用设施<br>处理系统 |
| 次浅层<br>（-11～-50m） | 防灾空间、停车场、物流空间、储<br>藏空间、医疗卫生、生产企业、商<br>业、娱乐、文化 | 地铁隧道<br>市政公用 设施干线<br>地下道路 | | |
| 大深度<br>（-50m 以下） | 地铁隧道、市政公用设施干线、地下道路、水利能源的储存、危险品存放、地下发电厂、<br>实验、军事指挥中心、战时通信中心 | | | |

图 3.1　人类利用地下空间的构想

# 3.4 城市地下空间布局实例介绍

## 《昆明主城区地下空间开发利用规划（2010—2020）》征求意见稿简介
资料来源：昆明市规划局网站

本次规划范围为昆明主城区 330km² 建设用地和经济技术开发区 170km² 用地，规划总面积约 490km²。包含主城五华、盘龙、官渡、西山四区和高新区、经开区、旅游度假区三个国家级开发区。

规划原则：地下与地上协调原则；平战结合原则；发展与保护相结合原则；分层开发与分步实施的原则；以轨道交通为基础，以城市公共中心为重点统筹布局。

布局结构：规划形成"一核三心、一环两轴、环状放射"网络化布局结构。一核即昆明主城核心商务区；三心是指在主城北部、西部和南部地区打造三个地下空间开发利用的重点区域；一环即昆明主城二环线；两轴指依托轨道1、2号线及北京路，形成地下空间南北向发展轴线、依托轨道3号线打造地下空间发展的东西向发展轴线；环状放射指以7条轨道交通为轴，依托轨道站点，形成以主城一环为圆心向外放射的结构形态。

地下空间功能划分：单一功能指地下空间的功能相对单一，对相互之间的连通不做强制性的要求；混合功能指地下空间的功能会因不同用地性质、不同区位、不同发展要求呈现出多种功能相混合，表现为"地下商业＋地下停车＋交通集散＋其他"的功能，鼓励混合功能的地下空间之间的相互连通；综合功能指在地下空间开发利用的重点地区和主要节点，地下空间不仅表现为混合功能，而且表现出与轨道地下站点、交通枢纽以及其他用地的地下空间的相互连通，形成功能更加综合、联系更为紧密的综合功能。表现为"地下商业＋地下停车＋交通集散＋其他＋公共通道"的功能。综合功能的地下空间要求相互连通。

地下空间功能布局规划：地下空间利用综合功能区主要分布在主城二环以内地区商业、商务较为集中的区域，包括主城核心 CBD 地区、历史文化街区、正义路片区、云纺片区以及火车南、北站地区等，主城二环以外地区，北市区龙头街、西山区马街和南部城区的巫家坝地区等轨道地下站点地区也有少量分布；混合功能区主要分布在主城一环以内地区、南部巫家坝地区以及二环沿线结合城市更新计划发展的区域，轨道线网沿线的地下站点地区也有少量分布；单一功能区主要分布在主城二环以外地区，居住用地、行政办公用地和工业仓储及学校等用地以单一地下停车为主。

地下空间竖向规划：地下空间层次划分为浅层（0～-10m）、次浅层（-10～-30m）、次深层（-30～-50m）、深层（-50～-100m）。

地下空间开发利用的具体情况见表3.2～表3.8。

表3.2 　　　　　　　　　地下设施地下空间配置建议表

| 类 别 | 设施名称 | | 适宜开发深度（m） | 可开发深度（m） |
|---|---|---|---|---|
| 地下交通设施 | 地铁 | 车站 | -10～-30 | -10～-30 |
| | | 区间隧道 | -10～-30 | -30～-50 |

| 类　　别 | 设施名称 | | 适宜开发深度（m） | 可开发深度（m） |
|---|---|---|---|---|
| 地下交通设施 | 地下道路 | 地下环道 | 0～－10 | －10～－30 |
| | | 过境道路 | －30～－50 | 深于－50 |
| | 地下步行道 | | 0～－10 | — |
| | 地下停车场 | | 0～－10 | －10～－30 |
| | 地下物流设施 | | －30～－50 | 深于－50 |
| 地下公共服务设施 | 地下商业设施 | | 0～－10 | — |
| | 文化娱乐体育设施 | | 0～－10 | －10～－30 |
| 市政基础设施 | 综合管沟 | | 0～－10 | －10～－30 |
| | 地下变电站 | | 0～－30 | 深于－30 |
| 防灾与生产储存设施 | 地下工厂、仓库等 | | 0～－30 | 深于－30 |
| | 地下水库、人防工程等 | | 0～－30 | 深于－30 |
| | 地下河川 | | －30～－50 | 深于－50 |

表 3.3　　　　　　　　　　　　道路地下空间竖向分层模式

| 层次 | 深度（m） | 功　　能 | | |
|---|---|---|---|---|
| | | 人　行　道 | 车　　道 | 人　行　道 |
| 浅层 | 0～－10 | 供给处理<br>通信系统设施支线 | 供给处理<br>通信系统设施干线<br>地下步行空间（含地下街）<br>地下停车场 | 供给处理<br>通信系统设施 |
| 次浅层 | －10～－30 | 重力流总管等大型市政管线<br>地铁车站大厅<br>地下步行空间<br>地下停车场<br>共同沟 | | |
| 次深层 | －30～－50 | 地下道路<br>地下物流管道 | | |
| 深层 | －50～－100 | 特种工程<br>远期开发 | | |

表 3.4　　　　　　　　　　　　非道路地下空间竖向分层模式

| 层　　次 | 深　　度（m） | 功　　能 |
|---|---|---|
| 浅层 | 0～－10 | 地下综合体<br>地下商业街<br>民防工程<br>仓库、地下停车场<br>雨水调蓄池、变电站等市政设施 |

| 层 次 | 深 度（m） | 功 能 |
|---|---|---|
| 次浅层 | −10～−30 | 地铁<br>地下物流管道<br>地下道路 |
| 次深层 | −30～−50 | 地下道路<br>地下物流管道<br>危险品仓库 |
| 深层 | −50～−100 | 地下水资源<br>特种工程<br>远期开发 |

**表 3.5**           **城市绿地地下空间竖向分层规划模式**

| 层 次 | 深 度（m） | 功 能 |
|---|---|---|
| 浅层 | 0～−10 | 地下商业<br>地下停车场<br>地下文化娱乐<br>生产储存设施 |
| 次浅层 | −10～−30 | 地下变电站<br>地铁<br>地下道路 |
| 次深层 | −30～−50 | 地下变电站<br>远期开发 |
| 深层 | −50～−100 | 地下水资源<br>特种工程<br>远期开发 |

**表 3.6**           **城市广场地下空间竖向分层规划模式**

| 层 次 | 深 度（m） | 功 能 |
|---|---|---|
| 浅层 | 0～−10 | 下沉广场<br>地下商业<br>地下停车场<br>地下步行道<br>地下文化娱乐<br>地铁车站 |
| 次浅层 | −10～−30 | 地下变电站<br>地铁<br>地下停车场 |
| 次深层 | −30～−50 | 地下变电站<br>远期开发 |
| 深层 | −50～−100 | 特种工程<br>远期开发 |

表 3.7　　　　　　　　　　　地下功能与地上功能对应引导控制表

| 地上 ＼ 地下 | 地下停车 | 地下管线 | 地下商业 | 地下公共设施 | 地下仓储 | 地下通道 | 地铁及地下道路 | 地下市政设施 |
|---|---|---|---|---|---|---|---|---|
| 居住用地 | ● | ○ | ○ | ○ | × | ○ | × | ○ |
| 道路用地 | ○ | ● | ○ | × | × | ● | ● | ○ |
| 广场用地 | ● | ○ | ● | ● | × | ● | ● | ○ |
| 工业用地 | ○ | × | × | × | ● | × | × | × |
| 商业用地 | ● | × | ● | ● | × | ● | ○ | × |
| 公共服务设施用地 | ● | × | ● | ● | × | ● | ● | × |
| 市政用地 | ○ | × | × | × | ● | × | × | ● |
| 教育用地 | ○ | × | × | ○ | × | × | × | × |
| 绿地 | ● | ○ | × | ○ | × | ● | ● | ○ |
| 水域 | × | ○ | × | × | × | × | ○ | × |

注　●适建；○有条件适建；×不适建。

表 3.8　　　　　　　　　　　建设项目停车泊位配建指标最小值表

| 序号 | 建筑类别 | 指标单位 | 机动车指标 | 自行车指标 | 备注 |
|---|---|---|---|---|---|
| 1 | 第一类旅馆 | 车位/100m² 建筑面积 | 0.60 | 1.0 | |
| 2 | 第二类旅馆 | 车位/100m² 建筑面积 | 0.40 | 0.5 | |
| 3 | 餐饮、娱乐 | 车位/100m² 建筑面积 | 5.00 | 5.00 | |
| 4 | 办公楼 | 车位/100m² 建筑面积 | 1.50 | 2.00 | 建议值 |
| 5 | 商业场所 | 车位/100m² 建筑面积 | 0.5 | 8.00 | 建议值 |
| 6 | 一类体育馆 | 车位/100 座 | 6.00 | 15.00 | 建议值 |
| 7 | 二类体育馆 | 车位/100 座 | 4.00 | 20.00 | 建议值 |
| 8 | 一类影剧院 | 车位/100 座 | 5.00 | 15.00 | |
| 9 | 二类影剧院 | 车位/100 座 | 3.00 | 15.00 | |
| 10 | 展览馆 | 车位/100m² 建筑面积 | 0.70 | 1.50 | |
| 11 | 医院 | 车位/100m² 建筑面积 | 1.00 | 2.50 | |
| 12 | 一类游览场所 | 车位/1hm² 占地面积 | 7.00 | 10.00 | 市区 |
| 13 | 一类游览场所 | 车位/1hm² 占地面积 | 15.00 | 5.00 | 郊区 |
| 14 | 二类游览场所 | 车位/1hm² 占地面积 | 5.0 | 15.00 | |
| 15 | 机场、火车站 | 车位/高峰日千旅客 | 10.00 | 4.00 | |
| 16 | 住宅 | 车位/户 | 1 | — | |
| 17 | 综合商住楼 | 车位/100m² 建筑面积 | 1.00 | 2.50 | |

注　1. 本表机动车位以小型汽车为标准当量。
　　2. 第一类旅馆指涉外旅馆，第二类旅馆指接待国内旅客的旅馆。
　　3. 座位数超过 4000 座的体育馆和座位数超过 15000 座的体育场为一类体育场（馆），其他为二类体育场（馆），体育场停车车位数可以适当低于体育馆停车车位数。
　　4. 一类影剧院指省、市级影剧院，其他为二类影剧院。
　　5. 一类游览场所指古典园林、风景名胜，二类游览场所指一般城市公园。

# 第4章 城市中心区地下空间规划与设计

## 4.1 城市中心区规划概述

二次世界大战后，人口城市化和发展新城市、改造旧城市的过程，正在日新月异地进行着。它反映了社会经济、技术的发展进步。各国第三产业的急剧发展，城市的开放性、购物的选择性、出行的机动性的迅猛提高，有力地推动着城市中心的规划设计与建设。正确估计城市的需要和可能，合理地进行城市中心的规划设计，是非常必要的。

### 4.1.1 城市中心区的概念和特征

#### 4.1.1.1 城市中心区的概念

城市中心区包括两个方面的基本内容：一是包含着城市的商业活动，是商业活动的集聚之所；二是包含着城市的社交活动，大部分公共建筑集中于此。这两个方面都是城市的基本功能和主要功能，是城市内人与人社会关系最主要的表现场所，是城市的心脏。

城市中心和城市中心区是两个不同概念。城市中心是指城市中心区内最核心的部分，而且按主要功能的不同可能有多个中心，如政治中心、行政中心、文化中心、商业中心、交通枢纽等。

城市中心，是城市的政治、经济、文化的发展中心，集中反映着城市的基本面貌，是城市的精华所在。城市中心，有其历史沿革和未来的发展趋势，是在一定的文明基础上发展起来的，有各种类型，也有多种规划设计形式。各类城市中心的规划设计，是在城市总体规划基础上进行的，又具有对总体规划提供补充、调整的反馈作用，具有独自的特点。城市中心的规划设计不仅应充分体现城市的经济、技术水平，而且应充分体现城市传统的景观艺术和风貌特点。在城市规划中，市中心的规划设计具有十分重要的地位。

在不同的历史发展时期，城市中心区有不同的构成和形态。首先，古代城市的中心主要有宫殿和神庙组成，这与当时的社会状况相符。其次，工业社会中，零售业和传统的服务业是城市中心区的主要功能，Downtown 是当时城市中心区的代称。第三，城市中心区发展到现在，地域范围迅速扩大，并出现了专门化的倾向，如 CBD（Central Business District）的兴起，但城市中心区本质上仍是一个功能混合的地区。

同时，不同规模和区域地位的功能构成和形态是有差异的。首先，许多小城镇商务功能分散，城市结构比较单一，往往一条街或一个节点就集中了城市的商务功能，这些城镇没有也不可能形成真正的城市中心区。其次，地区性的中心城市的中心区以商业零售的功能为主，常常还包括行政中心，商务办公功能不集中，这类城市主要包括像中国的省会城市那样的地区中心城市。第三，区域或国际间地域中心城市的中心区，除拥有大量的传统服务业和商业零售业外，高级商务办公职能占有相当的比例，城市中心区内已经出现新兴的 CBD，如中国的上海、北京，欧洲的米兰、柏林，北美的多伦多、墨西哥城等。第四，全球性城市的城市中心区功能十分复杂，包罗万象，但以高级商务职能为主，也就是说它有发展成熟的 CBD 或 CBD 网络，城市中心区功能是以 CBD 功能为主导功能，其辐射强度是全球性的，如纽约、伦敦、巴黎等城市的中心区。

#### 4.1.1.2　城市中心区各类问题的表征

城市中心区是城市发展过程中长期形成的最古老的地区，也是城市中最富有变化和特征的物质与功能的实体，还是城市空间结构中的地域核心。城市中心区是城市交通、商业、金融、办公、文娱、信息、服务等功能最为集中的地区。他是城市中各种功能最齐备、设施最完善、各种矛盾也最集中的地区，常常是城市更新和改造的起点与重点。城市中心区包含着城市的各类商业活动，是商业活动的集聚之所；也包含着城市的各类社会活动，大部分公共建筑集中于此。这两个方面都是城市的基本功能，也是主导功能，是作为个体的人在城市系统中从事各类活动最重要的场所，是展示城市魅力的核心。随着经济技术的发展和社会的进步，城市中心区空前繁荣，但也表现出一些城市问题。

##### 1. 土地开发和人口的密度过高

在城市中，土地的价值表现得很明显，土地的价格与其所能创造的使用价值成正比，因此在一个城市中的不同地区和不同地段，地价相差很大。城市中心区由于土地资源比较稀缺，与郊区相比价格差距巨大，而且随着城市发展，土地的价格也在不断的攀升。除所处区位因素外，地价还与用地的使用性质有关。地价的因素刺激了中心区的容积率提高，在一些历史文化名城，由于有城市限高的控制规范，因此建筑群体除在密度上高度集聚以外，还必须考虑如何拓展城市空间，满足各种城市功能需要的问题。

城市中心区高度密集化的发展，使人口和交通等向中心集聚，一方面密集造就了一个城市的繁荣和活力；另一方面会使中心区各种城市矛盾日益激化，超过一定的限度，就会引起中心区的衰退。西方社会曾面临中心区衰落向郊区化发展的趋势等问题，这方面也应该引起我们的注意。

##### 2. 交通拥挤混乱

目前，很多大城市存在道路密度低，主干路少，支路很窄，道路的级差过大，网络不健全，交通瓶颈多的问题。当前许多道路建设主要集中在原有道路的拓宽上，这样并不能从根本上解决问题。由于缺乏根本性的措施，中心区的路网容量日趋达到饱和状态。交通主干道作为城市的主要活动空间，负担了车行和人行交通，这造成了人车交叉，机动车与非机动车混行，相互干扰严重，使中心区交通问题表现得比其他区域更突出。

城市中心区各项功能和人口高度集中，近年来中心区的更新和建设升温，建筑面积的递增速度很快。很多建筑在设计中由于种种原因，停车位数不达标。在旧城区老建筑占多数，这类建筑更不可能配建停车场。在土地宝贵的城市中心区，要找出足够的用地作为公共停车场是很不现实的，机动车和自行车不得不占用道路空间或广场空间，影响了道路的通行能力。

城市公共交通方式包括公共汽车和地铁、轻轨等。从目前的状况看城市公共交通发挥的作用还不是那么突出。公共交通是占用空间资源最小、运输效率最高的交通方式，发展公共交通是解决大城市交通问题最经济和最根本的方法。国际化的大都市公共交通出行所占比例达到 70％以上。这些城市中地铁发挥了主要的作用，改善了城市交通，通过向地下层面发展，形成了立体化的空间网络。

### 3. 基础设施不足

城市正常运行离不开各项基础设施的保障。城市中心区的更新离不开道路交通的发展，也离不开供排水、供热、供气、城市防灾等一系列的基础设施。我国城市在基础设施建设方面仍非常落后，发展水平较低，满足不了城市的需要。在旧城中心区这些问题显得尤为突出，基本的供排水有时也会满足不了。由于这方面的不足和不完善，造成居民生活基本生存条件得不到保障，更进一步引发很多环境问题。

### 4. 环境质量恶化

城市中心区由于交通问题、基础设施不足、开敞空间和绿地很少、城市功能布局不合理等因素影响了整个城市的环境。

在旧城中心区硬环境是以大量密集的低矮建筑为主，功能一般为普通居住，随着城市的发展掺杂了一些其他类型的功能业态，所以建筑质量较差。居民自己搭建的建筑很多，立面风格也不协调，这与整个城市的形象形成鲜明的对比。因此，旧城中心区往往会成为城市改造的重点区域。

软环境是长期居住在此的居民可能层次较为单一，形成一个较封闭的文化圈层，缺乏与全社会的交流与共生。甚至有些地区会成为某些不良行为的聚集地，或者犯罪行为会有发生的很大可能。旧城中心区的软环境也面临着很大的问题，这也促成了旧城中心的改造。

## 4.1.2　城市中心区规划设计的历史

### 4.1.2.1　国外城市中心区规划设计的历史发展简述

城市是一个国家或地区的政治、经济、技术和文化的物质反映，同时又与历史发展紧密相关。从奴隶社会、封建社会发展到资本主义社会，随着社会形态的变化，城市也有着相应的变化。各时期的统治阶级都要求城市为本阶级服务。城市建设、城市规划以及城市中心区规划，都反映着统治阶级的利益和意图。

公元前 2100 年建于幼发拉底和底格里斯两河流域的西亚古城乌尔城，城市中心建有高耸的崇拜天体的金字塔形山岳台、神堂和帝王宫殿的城堡，这些庄严的城市中心建筑显示着奴隶主至高无上的权力和地位。图 4.1 是乌尔城山岳台。

巴比伦城，有两重城墙，城东还加筑了一道外城，规划封闭、内向，城市布局反映出统治阶级与手工业者、奴隶的显著区别。城市中心则是统治者生活居住的"高贵之地"。用宫墙围成的 4.5hm² 地段上建有宫殿。与宫殿成列布置的有祭神崇天的神庙、山岳台。此外还有专为皇后建造的距地 20 多米高的空中花园，提引其下幼发拉底河水灌溉花园。城市中心充分反映了统治者的奢侈与权贵的特点。图 4.2 是古巴比伦空中花园。

随着社会经济的发展，城市经济生活和社会生活进一步发展，一方面城市的性质和类型增多，如古罗马的行政中心城（罗马）、营寨城（提姆加德）、商业城（俄斯提亚）、商港和休养城（庞贝）等，另一方面，城市中心的范围也越来越大，公共建筑群增多，广场成群，交通繁盛，装修豪华。如庞贝城中心先后建起了神庙、法庭、交易所、市场、行政

图 4.1　乌尔城山岳台

图 4.2　古巴比伦空中花园

机关、会议厅；又如古罗马城中心就是由相联系的众多广场组成的广场群。建筑空间由神庙、柱廊、剧场等组合而成。封建社会的欧洲，教会至高无上，神权统治一切，反映在城市中心的布局上便是以教堂为主的市民广场，附以市场、行会建筑。随着手工业和农业分离，城市中心进一步发展为以商业和行会建筑为主。然而随着文艺复兴时期资本主义因素的产生和发展，商业和手工业在城市经济中的比重的增长，城市中心的发展变化反映这一时期城市经济的商业特征。例如，图 4.3 是斯卡莫齐的理想城市规划方案，市中心即是充分保障商业的广场群。

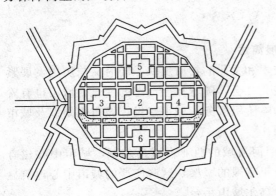

图 4.3　斯卡莫齐理想城市规划方案

1—商业大街；2—主要广场；3、4—粮食交易市场；
5—交易所广场；6—柴草、牲畜市场

在绝对君权时期，大量财富集中到代表中心集权的皇帝手中，法国巴黎的城市中心规划成为为皇室贵族服务的典型。华贵庞大的凡尔赛宫显示着路易十四的权力和功绩。而路易十五又增建了广场系统和协和广场（路易十五广场）等，并在城市中心进行了大量严谨的园林规划和建设。至今，巴黎城市中心的广场群、公共建筑群和园林绿地，在城市建设艺术史上仍有一定的地位。机器的应用、工业革命的开始，促进了生产的社会化。人口像资本一样逐渐集中起来。商业机构、银行、交易所等迅速占据了城市的心脏部位——城市中心，形成繁华的商业中心区。地价的上涨，建筑密度的增加，使建筑向空中发展，密集的摩天楼群中的街道显得狭窄。同时，人口的密集，快速交通的发展，又给城市中心增加巨大压力。土地的私有制，限制了城市按规划的发展。17 世纪伦敦大火后，虽然进行了重建伦敦的规划，开辟笔直的道路，建立互相联系的广场群，但城市并没有完全按照规划意图来实现。伦敦仍然迅速由城市中心向四周无控制地发展。美国的纽约、芝加哥、费城的规划，采用密集的方格网道路系统，以增加城市中心区的沿街建筑长度，提高地价，反映了金钱至上的功利主义。在方格网道路系统中又往往加上对角线的道路，聚向城市的中心；但随着马车时代的结束，这种道路系统很快就不适应机动交通的发展，城市中心也车多为患。

19～20世纪，为解决资本主义城市发展混乱的问题，各种改造城市的规划理论应运而生，大致可分两大流派。

(1) 城市分散主义，以霍华德的"田园城市"为代表。其城市中心，强调布置大公园，环绕公园规划为市政府、图书馆、剧院、医院、博物馆、音乐厅、水晶宫。火车站和工业远离市中心。英国据此理论试建了"田园城市"两处（莱奇华斯和韦林），半个世纪仍未形成规划的规模。图4.4是田园城市平面的局部。

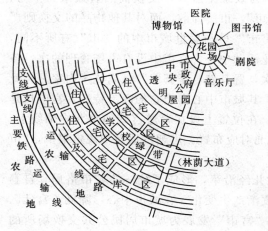

图 4.4 田园城市平面的局部

图 4.5 明日的城市规划方案

(2) 城市集中主义，以柯布西耶为代表。他的"明日的城市"的理论是：在不减少城市中心的人口密度的前提下力求降低城市中心的建筑密度，从而增加绿地和街道宽度，改善环境。柯布西耶设想市中心建60层的摩天大楼，其中布置商业、金融和行政机构；围绕摩天楼建5～6层住宅，增加车辆与住宅的联系，减少道路交叉口，组织分层立体交通。巴西曾按此理论建立过一座军工城市，结果也并不成功。但在二次世界大战后，在改造战毁城市和城市化过程中发展起来的新城建设中，出现许多城市中心规划设计的新趋向。诸如步行街、室内步行街、统一的空间环境规划、群体的城市设计、发展多功能的综合性城市中心等，这些新形式的探索，值得我们注意借鉴。图4.5是明日的城市规划方案。

### 4.1.2.2 我国城市中心区规划设计的历史发展简述

公元前1500年前，我国殷商时代的商城（郑州）和公元前1400年时建立的殷都（安阳），城市都有明确的轴线，王宫居中，外围为小奴隶主和自由民住宅，奴隶与牛马分住在牢内，强烈反映了城市建设的等级性。宫室群在城市的核心部位，是城市的中心；而各种作坊（制陶、制骨、冶铜、酿酒）布置在城周。周代已有一套完整的尊卑等级的规划制度。

距今2400年前的《周礼·考工记》中已有记载："匠人营国，方九里，旁三门，国中九经九纬，经涂九轨。左祖右社，面朝后市，市朝一夫"这种宫廷区居中的方形城市，纵横九条经纬大街，方城每面开三个门，路面宽为九车道（18m），市朝各方百步（150m），宫前区左为祖庙，右为社稷坛。这种规划布局，对后来我国城市建设有很大影响，直到唐代长安城乃至元明清的北京城都有体现。《考工记》还记载："经涂九轨，环涂七轨，野涂五轨"，道路明确分级，市中心宽而环城窄，城郊更窄。"环涂以为诸侯经涂，野涂以为都经涂"，又说明了城市有大小等级，其路宽也不同。周代城市建筑较殷商进步，已不是草顶而是瓦顶；同时又明确规定天子屋瓦用丹瓦，诸侯用黑色瓦，城市中心建筑色彩实行了等级规定。这在西周都城丰京、镐京（今西安）及东周都城洛邑（今洛阳）都有体现。这一时期的城市中心主要是政治性中心，居于城市的核心部位，道路由此通达四方。其商业活动，主要是官贾（官商），为奴隶主服务，交换商品有奴隶、牛马、兵器、珍宝等。具有固定的集中市场，"日中为市"，市罢即散，而对其他物品的交换则严加限制，有若干"不粥于市"的规定。这种"宫市"虽与后世城市中的"市"有所不同，置于宫北，是宫城的附属体，但也是早期的商业活动中心。宫市中设有市场管理的次，各行业的叙，陈列同类商品的肆，即所谓"设其次，置其叙，正其肆"（《周礼·内宰》）。此时的城市是一座政治城堡，经济职能尚不显著。其城市中心突出它的政治特征，宫市只是宫城生活服务的附属设施。这种市又兼作刑场，在位置上设在背避宫禁的宫北中轴线上。所谓"面朝后市"，即宫北的市与宫南的外朝南北对应布置。市朝占地面积规定很少，"市朝一夫"，即方一百步。

在 2000 余年的中国封建社会中，城市建设几经沿革，形成了统一的城市格局。自春秋时期至战国时期，城市规划理论形制和性质逐渐产生变化。在城市中心，降低了宫廷区占地比例，扩大了商业区，并由奴隶主专用的"宫市"发展为城市居民公共交换场所的"肆市"。对营国制度出现"违制"的变革，城市等级也不受严格约束。城市不仅是政治中心，同时又是一定地区的工商业集中发展的经济中心。至汉代，商业城市得到很大发展，出现许多商业中心城市。作为地区经济中心的商业都会，其商业中心在城市中的地位显著提高。西汉长安城，商业中心的"东、西市"虽仍在城北部，但规模加大。至东汉的洛阳城，除"择中立宫"而将行政中心布置在城市中轴线上外，其商业"市"已经不在宫北，而分置东、南、西三处，便利交易。三国时期曹魏邺城，以东西主干道划分城为两半：北部为统治者专用区，南部为平民居住区。专用区正中布置宫殿、广场，形成政治中心。平民区划分坊里，设三个市，为商业活动中心。城市既继承了古代的城与廓（外廓城）之分、严格的分区、突出的中轴线，又肯定了城市商业中心，树立了封建社会中期的城市规划样板。而北魏洛阳城，除居中的宫城为行政中心外，在外廓城内的东、西、南三面人口密集的居住区附近设大市、小市和开展国际贸易的四通市。在规划方法上，采用大的井田方格网系统。一网格为一"井"之田，方三百步即一平方里。西廓商业中心的"大市"用地周围八里，即 4 个网格组成的田字形用地。采用这种基本网格系统形成的用地模数的方法，对古代营国制度和后代城市规划设计是进一步的继承与革新。唐代的长安城，在宫城居中，三面为里坊的 9.7×8.6km² 的方城中，有清晰的中轴线，对称布局，从而突出了中央集权的政治中心地位。宫城前的横街宽 220 米，实际是一大带形广场。全城 109 个坊，除坊内有一些日常服务的店铺外，又沿城市东西主干道专设东市、西市。东、西市分列在城市中央主干道的两侧。对称布置，分别为内商、外商服务。这种"市"，在井字形干道中间的独立地段上，占地 93hm²。而"市"又以井字小巷划分 9 块用地，正中央地块为市场管理的"署"所在地。东市集中了为官僚和贵族服务的各种商业。西市除国人商业外，还有颇多外国店铺。在各块的"市"内又有管理办公用的"思次"及储货的"廛（chán，古代指一户平民所住的房屋）"库。商业、管理、仓库集中在"市"内，呈行列式布置。市有围墙，四周设门，听钟鼓声朝开夕闭。"货别隧分"，商品归类形成"肆"。市是由若干肆组成的商业区。唐长安城的政治中心、商业中心有明确的分区，同时，商业中心也有所分区。这种布局影响到国外，如日本的平城京（宫城在城北部，中轴线两侧对称设东市、西市）。唐洛阳城，其宫城在城西北隅，在东、南部坊里中设北市、南市、西市。其中南市占地 50hm²，有 120 个"行"，3000 多个"肆"，规模很大。

都城及地区性政治中心城市，其政治中心一般布置在城市几何中轴线上，以突出统治者权威。魏邺城、唐长安、宋汴京、金中都、元明北京城以及地方州府县城市无不表达出这种共性。但是，商业中心的布局却有很大变化，北宋以前集中设市，北宋以后，商业中心的市墙逐渐被冲开，临街建店风行，所谓"十里长街市井连"，由商业街坊发展为商业街，进而产生行业街市，继承并发展了古典市制的"肆"，甚至"诸行百户，衣装各有本色"（《东京梦华录》）；同时在居民坊巷内形成了日常生活商业服务店铺网点，成为城市内的各级公共活动中心。在行业街市中有通宵营业的夜市、鬼市，有集中游乐活动的"瓦子"（各种杂耍、游艺、茶楼、酒肆、妓院、旅馆等），形成了文娱活动中心。如"清明上河图"中所反映的宋代的滨河城市中心就有六大种类的行业建筑。其中瓦子（又称瓦舍、瓦市、瓦肆）是在北宋以后取消宵禁，开放夜市以后出现的一种民间文娱活动的游艺区（《都城纪胜》云，"瓦者野合易散之意也"）。一般的瓦子仅演戏的"勾栏"就有五、六个之多，大的勾栏可容纳观众万人。勾栏内评话、杂戏、杂技、曲艺等各种艺术流派纷呈，观众自由选看节目。这种文娱中心在杭州城内有著名的北瓦子、南瓦子、蒲桥瓦子。在其他大都会城市和汴梁等也都有瓦子。经济发展冲开了古典市场规划制度，宋代以后，这些商业、文娱活动中心的发展特点是自发性，虽无一定的分区布局，却有共同的发展分布规律，即沿着水旱交通运输干线发展，干线的汇交处往往成为商业、文娱的活动中心，一般在城市的关厢地段，沿通向城外道路呈带形发展。江南水网密集的城市商业则沿主要河道带形发展，商店后门进货沿河，前门店面临街。河道交叉点，常常形成商业主中心。有些城市的大型庙宇及其周围，也成为商业集市活动中心（如北京东城的隆福寺、西城的白塔寺、南京的夫子庙、天津的天后宫、上海的城隍庙等）。各地集市丰富多彩，山东的"集"，四川的"场"，广东的"墟"等都是集市。集市种类繁多，如日市、灯市、晨市、鬼市等。封闭内向的政治中心和开放外向的商业中心并存，是这时期城市中心的特点。图4.6 是中国古代几个重要历史时期城市中心的发展变化。

鸦片战争后，西方炮舰轰开了清朝封闭的国门。城市规划结构布局的传统型制和城市中心建筑的民族形式受到了冲击。西东杂糅，今古相苞，殖民地色彩浓厚的新兴城市以及原有城市随处可见。在这些城市中，陈列着各国的、各时期的建筑形式和规划手法。旧城近处，沿海的商埠和租界，多形成畸形的商业区，与旧城格局迥异。例如，天津的八国租界，街区各自为政，互不协调，同时与面积仅为租界七分之一的方形的天津古城格格不入，统一的城市中心难于形成。

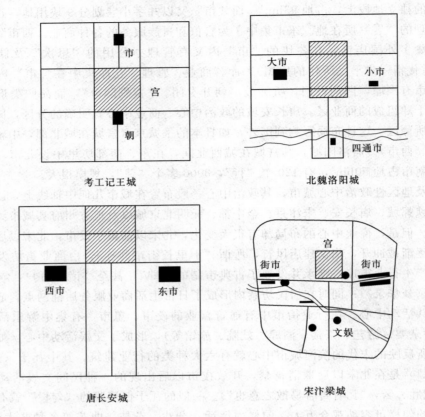

考工记王城　　　　　　　　　北魏洛阳城

唐长安城　　　　　　　　　宋汴梁城

图 4.6　中国古代城市中心发展变化图

　　新中国成立后，在改造旧城市建设新城市中，对于城市公共中心进行了新的探索。许多城市中心开辟了较大的广场，增设了绿地，形成了明确的城市行政中心和文化中心，城市建设中也调整了商业街，疏导了中心区的过境交通，对城市中心面貌予以很大重视。大量的居住区都设置了不同级别的公共中心。但由于在理论上，对商业形式的多样化和商业城市的生产性认识不足，商业城市往往被视作"消费"性城市。对"第三产业"是"服务工业"的认识不足，因而在规划中缺乏系统的布置安排，甚至曾一度取消了传统的集市、庙会、夜市、小市场等。例如，北京市商业服务点，1949 年为 75000 个，到 1970 年降至6370 个，平均千人指标由 39 个降至 1.6 个；上海则从 1957 年每千人 20 个降至 1982 年的2.6 个，把城市中心当做内向的封闭的城市居民自给自用的公共中心，简单、片面追求市民的服务半径和定额指标（忽略了城市中心的地区性，人口的流动性，城市的开放性）。在改革开放进程中，总结经验教训，在市中心规划理论和建设实践中探索了适合我国条件的现代城市规划建设途径。在城市中心规划建设了各种形式的步行街。如：合肥步行街的建设、北京前门商业街的规划、王府井大街改造探索；又如天津为疏导和平路等商业负荷，开设食品街、旅馆街、服装街、文化街等专业商业服务中心。许多城市对市中心进行了改造规划，规划了新的公共中心，这些城市对于代表城市面貌的公共中心给予了充分的重视。

### 4.1.3 城市中心区规划设计的新趋势

随着城市现代化的发展及人们物质、精神需求的提高，城市中心的形式也呈现出多样化的趋势。由于人们对环境心理学、行为科学和人的价值观的发现和再认识，对现代社会与古老城制的矛盾的深刻反省和感受，在城市中心规划中，各国都在探索开发新的途径，广辟路径，以求进一步解决社会经济与城市环境发展不平衡的矛盾。现代城市中心规划的新趋势，主要表现在步行化、立体化、多心化和专业化等几方面。

1. 步行化

城市中心是人们社会活动集中地区。购物、游览、文娱活动等主要活动区域以步行交通为主；因此，这一环境应尽可能舒适优美宜人。行为科学认为，人们从"需要"到"动机"导致"行为"，这一过程也会受到外部客观因素影响。经营效益与环境状况密不可分。城市中心不仅突出了步行安全感，而且突出了舒适感，如街心花园，建筑装潢及建筑小品，覆以玻璃顶盖，开创人工"室外"环境等。在改造旧城市中心时首先注意改造中心区的环境质量。在交通上采取封锁或部分封锁、定时封锁车流，开辟步行街，把商业中心从人车混流的交通道路中分离出来。步行化目前有以下几种方式：

（1）全步行式。有呈一条街布置，也有呈片状布置。为方便交通联系，呈一条街布置的步行街一般辅有平行的机动车通行道路，片状布置的步行区应有外环机动车路。

（2）半步行式。允许专为本中心区服务的慢速车辆流通。车辆有专门设计的小型公共电车、汽车，也有古老的、仿古的慢速车，与步行人流关系谐调而安全。在道路方面有特设的弯曲道路或狭窄道路（仅一车道的路宽），以求车辆缓慢通行，并扩大了步行面积。

（3）定时步行式。城市中心区在交通管理上限定白天步行，夜间通车、货运，或每周几次通车。在旧中心区改造利用中，常常采用此法（如日本东京新宿的"步行者天国"，德国慕尼黑、汉诺威等，以及我国部分城市）。

2. 交通立体化

交通运输繁忙的城市中心，把车辆完全隔离在外处又存在严重不便，为此，人车共存，立体交叉的形式，从1960年代起欧洲各国就广为采用。形式之一是地下交通，铁路、公路、车站、停车场等交通运输设施均设在地下，地面上是步行道路及花草树木和人造湖泊等，如法国巴黎市德方斯新区中心等。形式之二是地下商业街，如日本东京"虹"地下商业街，加拿大蒙特利尔市"地下城"的步行商业系统，西德汉诺威下沉式商业街等。形式之三是步行架空道和架空平台系统，如考文垂城市中心，美国阿波里斯市中心等。此外是建立综合立体交通系统，如美国费城市中心的三层系统，日本东京新宿副中心的地上二层、地下三层交通活动系统等。

3. 多心化

二战后，世界各国城市化过程加速进行，不仅增加了大量的新城市，而且原来的城市也在扩展着。旧有的城市中心在建筑容量上和道路容量上都逐渐难以满足需要，单一的市中心已难以适应。除发展多级中心（分区中心、居住区中心、小区中心）外，又出现性质明确的专业中心，诸如科研中心、文娱中心、体育中心、购物中心等。为分散人流，求取"反磁力吸引"效应，有的建立新的综合中心，成为与原市中心可以抗衡的"亚中心"（次中心）。这在大城市以及某些带状布局的城市中多有采用。建立"亚中心"，并不影响城市主中心的原有地位。这是因为城市主中心有其形成的历史性和客观性：有的在人口重心处，有的与城市水陆交通负荷的重心结合在一起，具有形成过程的合理性。同时，主中心的中心首位度一般都较明显，因此所有的各类中心的发展，都是城市主要公共中心的补充。这种次中心，有的在市内扩建而成，有的从原中心区"拉"出来建立，由于新的购物、服务设施的完善而仍吸引人。图 4.7 是法国巴黎市西北部的德方斯新区，是集行政、文教、商业综合在一起的新中心，与巴黎市中心在一个轴线上，经过凯旋门、协和广场而互相联系。虽然"拉"出来隔以塞纳河，但仍感隔而不断。

图 4.7　德方斯新区

4. 专业化

城市中心商业区最早以行业货别划分，"货别隧分"，利于交易和管理。虽然分出多市，如南市、北市、朝市、夕市，但还只是在一个市场内集中若干的肆，以同类商品聚集的行列为肆，仍属封闭型的市坊，坊周设墙及门，定时击鼓启闭。及至北宋古典市制瓦解，临街设店，便于交易和联系，逐渐形成行业街市。南宋临安（杭州）有"东门菜，北门米"之谚别，有修义坊的肉市、炭桥的药市、官巷的花市、皮市巷的皮市、融和坊至市南坊一带的珠宝市等。行业街市大小不一，长者百余家，占据整个街区。专业街市的形成，多依近货源及运输干线而自然形成。随着时代的发展，城市社会经济的繁荣，资本的扩大经营，近代出现了综合百货商场，超级市场等，这种综合性否定了专业性，与我国古代的"瓦子"及各种行业街市相比，又是一种发展，而且更为方便、舒适。然而，随着社会经济的发展，第三产业的扩大，购物优选性和出行机动性的提高，商业、服务业、文化娱乐活动丰富多彩以及城市的扩大，人们更乐于认同专业性的活动中心，购物中心（街区)、游乐中心、体育中心等得到新的发展。城市公共活动中心的发展经历了专业性—综合性—更专业性的过程。当然专业性中心并非纯粹绝对的。各类专业中心也不可能排除商业、饮食服务业。中心专业化，有利于选择各自需要的适宜地段。例如，文化教育中心，可组织在城市边隅的风景优美的幽静地段，或靠近城市公园、水面地域。而体育中心，需要布置在交通干道附近利于集散的地段，要有充足的停车场地面积。专业中心在大城市中，一般采取多点分散布置方式以便均布开暴发式的人流、车流。如北京市将体育活动场地（工人体育场、首都体育场、先农坛体育场、奥体中心）分设在城东、城西、城南、城北，为分散市中心压力和方便市民选用，适当引出一部分专业职务设施，建立专业中心是有益的。天津的文化街、食品街、服装街、科技街，结合周围的公共设施和条件形成了市级专业中心。这些专业中心，由于建立在历史传统的地域（建立在天后宫、南市、大学区等）和交通方便地段，而吸引人流。作为商业中心，为保持基本要求：舒适、安全、效益及良好环境，许多国家在商业中心步行街上罩以采光顶盖，中央空调，形成了室内化的专业中心。有的还发展郊区专业中心。欧洲的郊区超级市场，美国的郊区购物中心等，由于改善了交通条件、停车场地以及可舒适步行的购物空间，保证了兴隆。

# 4.2 城市中心区地下空间规划设计

## 4.2.1 城市中心区位置的选择与规划布局方式

### 4.2.1.1 城市中心区位置的选择

1. 位置选定

首先明确城市中心的性质是市级中心还是分区中心，是行政中心还是商业中心、文娱中心、综合活动中心，由此分析城市中心位置的合理性。

(1) 位置适中，城市中心在理论上一般应位于城市的几何中心，有全城最佳的服务半径。但是，因为城市是多因素的综合体，自然的、社会的因素的聚焦点，城市中心实际上并不一定是地面的几何中心。根据自然条件、历史文化和传统习惯、交通联系、人流主要方向等，市中心可选在山脚下、台地上、河谷旁及水陆交通交汇处等地位优异地段。城市中心不仅是城市自身的中心，而且在某些情况下也是城市辐射关系影响覆盖地区的公共中心。对于某些开放型、外向型的城市，市中心也可以偏于对外联系的某一方向上，而仍不失为位置的适中。城市及其影响区共同影响市中心的规模和位置。城市内部人口分布极不均匀，如居住区、园林风景区、工业仓库区等，因此市中心位置应考虑人口分布的重心。同时考虑交通联系，避免过境交通干扰。大城市、带状布局的城市，受服务半径及交通联系的限制，可布置有不同性质、不同功能的主次中心。

(2) 地理优越，城市中心选择，不仅要尊重实际，从现状及历史条件出发，充分考虑工程经济问题，从而尽可能利用现有各项建筑设施和工程设施，而且要选择利于景观开发、利于创造艺术面貌的自然地域。由城市干道形成的，或由自然山川地貌、建筑群体空间形成的城市轴线，是城市面貌的象征，是城市个性的特征。城市中心尊重、运用城市轴线，巧于借重轴线关系，有利于突出城市面貌特征。选择优越的地理条件，审度山势、水曲方向、风向及日照方位、环境关联等，在我国造园艺术上称为相地，在建筑选址上称为风水，堪舆（即"堪天道，舆地道"）。

（3）利于发展，城市中心位置选择要与城市用地发展方向相适应。使其近期适中，远期也合理。由于市中心的形成往往需有一定的时间过程，因此要保留适当发展余地，保持用地弹性。新建筑不必一下子"座满"，允许后人"填词谱曲"。预留地也是一项用地，近期可作绿地，可布置非永久性建筑或建筑小品等。在旧城市，市中心分期改建时，近远期结合，近期利用原有建筑基础，可作远期淘汰时的潜伏备用地。旧城市中心在发展受限制时，随城市外延扩展，中心可能转移。新中心应充分考虑发展余地，同时兼顾与原有中心的布局联系。这些发展余地，宜尽量巧妙利用与原有市中心相联系的某些河岸、滩涂用地，以确保这些用地的持续存在的可能性，并易于创造优美的城市中心环境。为保持市中心与城市发展能够相适应，除采用市中心发展预留地的方式外，尚有采用城市轴（Civic Axis）的线型布置市中心的方式。

2. 调查分析

在市中心详细规划中，首先要对现状资料调查分析和发展预测。

（1）技术经济资料，包括城市的现状人口，发展规模，城市性质，用地状况，道路交通，与周围地区联系，城建及经济开发计划等。上述资料可从城市总体规划发展论证中取得。亦可在补充调查分析中取得。

（2）自然资料，包括地形地物，气象，水文，地质，地震，景观资源条件等。

（3）建筑及工程设施资料，包括现状公共建筑分布状况，质量等级，建筑层数及密度，名胜古迹，园林绿地建设，道路广场及工程管网条件等。

（4）文化风土资料，包括当地风俗习惯，历史沿革，传统传说，历史文脉，堪舆风水与方志记述，民族构成等。

（5）环境质量资料，包括工业分布，环境污染状况（水、气、渣、噪声），主导风向，小气候等。

根据资料分析、评估、预测，结合国家现行政策、法规，参照城市总体规划要求，编制各类中心的相关定额指标。

3. 规划设计图纸文件

（1）规划内容，市中心规划设计是一种详细规划设计。上承城市总体规划和分区规划，下启初步设计，同时又具有一定的独立性，是一种城市设计。与居住区详细规划不同，由于市中心在城市中的重要地位，它可以提出特殊的道路广场红线要求和竖向设计要求，可以提出各项工程设施的独特要求。其规划内容主要有：确定道路及广场的红线、建筑调整线，确定道路交叉点的坐标及高程；确定各项交通流线；确定建筑、道路广场、公共和专用绿地等项用地的平面布置，立面设计控制要求（高度、色彩、风格、建筑构图）和空间秩序；组织建筑外部空间序列；综合安排各项工程管线；估算建筑、管线、土地及动迁费用。

在城市中心详细规划中，也有一种城市设计的"设计控制"的方法。要求制定市中心建筑的柱网控制，外墙线控制，建筑高度控制，建筑各层标高控制，容积率控制（建筑面积密度），建筑密度控制（建筑基底占地比重）等。

（2）图纸文件，包括位置图：市中心在城市总平面图上的位置。现状图：在城市中心测量地形图上绘制建筑、道路广场、绿地、工程管线设施现状图，较复杂的地形、地质条件应绘制用地评定图，改建区应绘制建筑质量评价图。建筑规划图：一般绘制规划总平面图（近期、远期），建筑群局部组团放大图，街景立面图，鸟瞰图（或轴测图），局部透视图，功能分析图，交通流线分析图，环境质量分析图等。竖向设计图：道路广场断面，地面高程、坡度等地形规划设计。工程管线设施及综合规划图：各项工程管线走向位置及其高程分布等。说明书：对现状进行分析，规划意图的阐述，技术经济指标的分析论证及造价估算等。

（3）比例尺要求，图纸比例一般平面采用 1/2000，1/1000，1/500，视深度要求而定。位置图属于示意图，可取小比例，一般不大于 1/15000，街景立面和街道断面图属于放大图，可采用 1/500～1/300。

（4）模型制作，根据需要可制作模型。

#### 4.2.1.2 城市中心区的规划布局方式

根据城市中心的不同性质，不同条件，可有不同的布局形式。各种形式的选定和形成，应因地制宜，使之既满足使用功能要求，又满足代表城市风貌的城市中心建筑艺术要求，不能千篇一律地追求某种固定模式。一般可大体分为沿街线状态置、街区片状布置、多层立体化布置、结合地形自由布置等几种布局形式。

（1）沿街线状布置。市中心主要公共建筑布置在街道两侧。沿街呈线性发展，易于创造街景、改善城市外貌，交通便利。街道两侧的公共建筑，应将不同使用功能上有联系的，在街道一侧成组布置，以减少人流频繁穿越街道。中小型城市中心，由于公共建筑项目较少，有的可以单边街布置公共建筑，以减少人流过街穿行，或将人流大的公共建设布置在街的单侧，另一侧少建或不建大型公共建筑。沿街线状布置时过街人流较大的地段可设高架或地下人行过街道。在中心街的背后，应有平行的交通和货运道路，设置相应的停车场地，以减缓主街内的客货车流。街的两端或较宽的街段，可设公共交通停车站或地下车站出入口。街道较长时，应分段布置，设置街心花园和小憩场所。在分段规划中，形成高潮区、平缓区，"闹"、"静"结合，街景适当变幻，消减行人疲劳感。此外，在交通方便的地段，可开设全步行街或半步行街，利于人车联系与分离，安全而方便。步行街建筑及街面尺度空间不宜太大，可亲切宜人；也可设置采光的街顶，形成室内步行街，创造人工小气候。

（2）街区片状布置。在城市干道划分的街区内，布置城市中心公共建筑群、步行道路、广场、停车场、建筑小品及绿化休息设施。这种小区式的集中内敛的布局，减免了城市交通对市中心内部的公共活动的干扰，为国内外较多彩用。与一条街布置式相比较，它具有丰富多彩曲折多变的内部空间。商业中心可形成街道带顶盖的市场小区，也可将不同的专业中心联组形成大型的公共建筑小区，也可与线状布置的一条街相"串"、相"挂"在一个系统中，形成线状与片状相结合的综合性公共中心区。呈片状的小区式或街坊式的城市中心区，在布置上应注意街区内景观及街区外的城市干道的街景，避免一部分最美观的建筑"面内背外"或"面外背内"。妥善布置商业服务设施的杂物院、停车场、堆场等用地。一般通过裙房、天井院、地下库房、下沉式停车场等措施加以解决。

（3）多层立体化布置。在满足城市中心各种功能要求的同时，为综合解决日益发展的交通运输与城市中心的矛盾，国外一些城市中心采取多层立体化的布置方式。把立体化的道路体系引入城市中心内部。在地下设地下商业街、库房群及停车场等。发展地上的大体量的综合性建筑或综合体，把办公楼、旅馆、剧院、超级市场等组织在一幢或一组建筑中。把交通枢纽引入市中心地下，方便了人流的集散。

（4）结合地形自由布置。利用自然条件，结合地形，将山坡地、河湖水面等天然要素组织在城市中心内。城市中心的各项用地，如建筑、道路广场、园林绿地及各种设施，巧妙布置在这种地段内，创造丰富优美的公共中心环境，排除交通运输车流干扰，同时又与城市干道有方便的联系。这些要素的布置，以巧用地形为规划章法，妙在灵活，索无定法。在这种地段可以形成完全的步行空间，或临河湖水面，充分利用水的环境进行灵活布置。

## 4.2.2　城市中心区规划设计的艺术原则

城市中心，可以集中商业、行政、文化等建筑于一个综合地段内混合布置；也可以在一个地段内划分为几个功能部分；而在较大城市中，也可以将各功能部分布置在不同地段内，形成各自独立的中心，如行政中心、商业中心等。无论哪种布局方式，城市中心一般都集中着城市建筑精华，是城市面貌的代表。在建筑规划上，有较高的艺术要求。

1. 因地制宜规划设计，创造市中心的美

（1）利用自然条件创造自然美。城市中心规划依据所处的自然条件，研究分析可用的因素，或临山，或滨水，或邻天然绿地，宜巧于组织利用这些因素。山城妙用台地，平原组织轴线，水面可用岸线，溪流可将绿带引入城市中心区。远山优美，可以借景；美、丑兼有时可以有"借"有"障"，用规划设计手法引借其美，屏障其丑。对于优美的远山自然景观（以及历史古迹、人文景观）可用易于通视的开阔水面、绿地，或规划留出建筑物之间的"视廊"，借以"引入"城市，创造城市中心的自然景观美。

（2）利用历史文化建筑和优美的地物创造环境美。古建筑或优秀的新建筑，在市中心规划中应予适当依托和利用，令人抚古仰新，增加城市风貌的感染力。拓视廊，辟广场，新与旧巧妙联系和过渡，形成整体建筑的群体美，创造城市特色。辟广场，让近处的高大建筑保有一定视距视野。综合分析自然环境、社会环境、历史文化环境和人的心理环境，适当组织构成环境因素的建筑形体、外部空间、各种界面及其色彩、流动的人群等，创造城市中心的环境美。

（3）利用艺术手法创造规划美。充分研究总体规划所提供的条件，寻求市中心的规划美。在弯曲路段上，重点景观在弯道外侧，在动态中，外侧随处皆具"对景"地位。在直路段上，两端底景为重点地域，可重点布置。而中间路段一般属于过渡段，太长时，宜布置一定体量的后退建筑，楼前广场、绿地可增加人的驻留感知时间，消除平直路段的乏味。建筑体量的大小、高低宜适当控制，形成优美的轮廓线。建筑轮廓线一般可分为细部轮廓、天际轮廓。而城市中心增加有"第三轮廓线"——灯光广告商业招牌。由于其视觉信息量很大，特别是夜景，因此也是市中心规划美学上不可忽视的视觉环境因素。适当布列市中心的各类公共建筑，避免行政办公类建筑沿一条街修长布置，夜晚形成死寂一片的轮廓空断，也是创造规划美应考虑的。

（4）运用建筑群体外部空间的规划原则创造群体美。城市中心建筑群往往代表着城市风貌，是城市的表征。创造优美的建筑群及其外部空间，规划中主要运用整体设计原则，序列联系原则，建筑节度原则。

整体设计原则要求建筑群与外部空间获得整体秩序。例如，创造空间轴线引导和转换，以突出整体秩序；或通过向心产生收敛和内聚力而强化整体秩序；运用互含互否、对立统一的关系求得整体有序。在有纵横主副轴线的对称布局中，沿主轴线布列的空间宜强调变化及对比，沿副轴线布列的空间宜强调重复与统一，从而求得主与副的秩序。

序列联系原则要求建筑群具有一定的空间序列，从而建立"期望"感，变空间艺术为时间艺术，避免空间"剪断"。通过主题引导、空间引导建立静态空间、动态空间、流动空间、共享空间以及复合空间。并使各建筑群体空间关系有序列联系，而不是各自为政，互相割裂。

建筑空间有繁有简，需要把握和节制群体规划中恰当的"度"。建筑群体与空间系虚实并存，阴阳共生的关系。其中诸多空间是亦此亦彼，具有"二元"特征，即"模糊空间"。适当运用亦外亦内、亦分亦合、亦全亦缺、亦同亦异、亦动亦静、亦大亦小等的节度手法，组织灵活多变、丰富多彩的市中心建筑群，是创造群体美的不可忽视的规划技巧。把握这些差变的分寸，不可无，亦不可失度。创造市中心的美，需要综合运用建筑群及其外部空间的建筑规划艺术手法。

**2. 市中心建筑规划构图的艺术手法**

（1）对比，运用建筑或空间的大小、形状、长短、高低、围透、简繁、横竖、虚实、明暗、冷暖（色）等对比关系，突出重点，放松一般。在市中心的重点地段或重点建筑上适当运用几种对比，形成对比效应。对比，有明显直接的强烈对比，有缓和过渡的非强烈对比。例如建筑空间的围透对比，从封闭空间到开敞空间，豁然开朗，产生强烈对比；或经过以围合为主—半围半透—以透为主的过渡变化，产生缓和对比。宜根据不同的功能要求和欲规划设计的空间意境而定。不同的规划手法产生不同的心理感受。

（2）韵律，同一或近似的形体或色彩有规律地重复交替，所产生的建筑效果是韵律效果。一条街或一组建筑群的空间流线，如同一部乐曲、一出戏，应有序曲序幕、过渡、高潮和尾声。这种节奏所产生的韵律是美的旋律。节奏重复（即简单重复）、建筑种类重复不宜过多，如过多时，宜分组，形成大韵律（即复杂重复），效果较好。一条街的建筑空间效果，是流动的、透视的，而不仅仅是静止观赏立面图纸上的效果。这种"流动"因素——时间因素，被视为第四因素，即"四维"因素。

（3）比例与尺度，建筑群体与单体、整体与局部、整体与整体之间、局部与局部之间的尺寸和体量关系比较，应有规划目的性。庭院广场空间大小应考虑周围建筑体量大小。雕塑及建筑小品大小应考虑环境空间大小。开敞空间的建筑尺度一般要大些，围闭空间的建筑尺度可小些。快速车道的临街建筑群尺度一般要大些，而步行街上的建筑尺度及其韵律重复尺度则宜相应小些。步行街的长度不宜太长，如太长则应分段、转折，这些尺度要求也称步行尺度。临街建筑与街道宽度的最佳比例，一般认为1:3。街道过窄有压抑感，过宽有空旷感。庭院或广场的长宽比不宜悬殊。在建筑艺术上，有时为达到某种特定效果,采用扩大或缩小一组建筑的尺度的手法达到群体比例的和谐完美。如北京人民大会堂和国家博物馆立面采用大尺度的平顶建筑,与天安门在比例上显出前者是"低矮"的厢房效果;从而解决了天安门虽然低小,但不失为主体的问题,形成宾主分明,相互揖逊的群体效果。这种建筑规划效果虽有建筑形式、建筑色彩的因素,但主要的还是规划比例与尺度的关系。图 4.8 是北京天安门及故宫建筑群。

图 4.8　天安门及故宫建筑群　　　　　　　图 4.9　北海九龙壁

　　(4) 序列与重点,一条街,一个中心区,组织建筑空间要有一定序列和层次。在立体空间中,视觉感受的是层次景面。层次有近、中、远三层。中景一般为主景。远为衬景,近为框景。人在其间移动,景次变换,形成空间序列。在序列中应规划有重点和高潮。在位置、体量、形式、色彩上要有所突出,避免平淡,也不能处处突出,争芳斗妍,要善于安排好配角和主角。这种重点,要在街区流动空间中安排空间序列、时间序列。在城市中心规划设计中,应充分运用历史文化建筑、传统传说约定俗成的有利因素,巧于设定,重点设定应有规划分析,如九龙壁上的云龙图,人们视觉程序是:云龙—龙—龙首—龙眼睛。图 4.9 是北京北海九龙壁。重点还要有层次,有深度。街区较小,性质单一的中心区,可以只有一个重点高潮区段;街区较大,往往分设几处性质有别、规模各异的重点。重点可在街的两端,可在中间,也可在长的街区内分段设置。重点处建筑体量突出,密度大,位置显要,色彩鲜明,装修华丽。处于街道底景、街区对景处的建筑,或位于空间界面上,转角处的建筑,应注意其尽端体量的重点规划设计。城市雕塑、塔亭等建筑小品,也能给重点环境增辉添彩,起着重点的补充作用。在序列中为保重点,可作主题引导及空间引导,可为高潮作预伏准备,建立期望感,如柱廊、群雕、花径等系列元素及地面高差变化,均可借助上台阶,引导方向。由暗而亮的光照效果,转角标志性建筑的布置,相邻景物的搭接,空间的渗透流动,水体的流通等,也可引导方向。

　　(5) 变化与统一,城市中心街道和广场,应有特点有变化,避免过分重复。人流线路的空间序列,在规划中应有变化,避免千篇一律,单调乏味,增加疲劳感。这种变化,可用建筑性质、性格上的过渡,闹静过渡,体量和形状过渡等手法加以规划设计。在不知不觉中过渡产生渐变。在重点处豁然开朗,产生转折性变化突变。在空间上,可用廊柱、大门、牌楼等手段造成空间序列的划分。在地面上,可用铺地饰画、色彩花式和地面高差变化来划分。绿化、雕塑、喷泉、碑亭等也能起到空间划分和变化的作用。在变化中应求统一（不是同一），否则易杂乱。在一个区段或一组建筑群中，应力求形体统一，色彩基调统一。建筑有主从，形成主从统一；有节奏变化，形成韵律统一；建筑平、立面无论是对称的，不对称的，都应注意均衡关系，形成均衡统一。各组建筑的轴线关系有联系呼应，达到联系上的统一。但规划图纸上的统一有时不一定收到实际空间感受上的统一效果，如果建筑组群太长，统一的节律超出人的感觉时，仍会感到不统一，则需加以分段规划，形成组群的统一。

（6）色彩，城市中心的建筑及其空间环境，都与色彩有密切关系。色彩比建筑轮廓和装修往往更先声夺人。色彩有三种基本要素：色相（色别）、纯度（色的真度）、明度（色的深浅明暗）。运用色彩三要素组成多种对比色或调和色，在建筑规划中力求取得预期效果。色彩对于人具有心理上的、生理上的感官效应。例如，具有温度感：红色及其邻近的色相感到暖，有活跃兴奋的效用。在商业区、娱乐区多采用，增加活泼亢奋气氛，增益营业。蓝色及其相近的色相，其色感为冷，有凉爽静谧的效应。在文化科研中心及热带城市宜采用。色彩又具有重量感：色彩明度影响较大，色彩深重处感到稳重，轻淡处则感到轻巧明快。在建筑及环境设色中，适当运用色彩的轻重关系的手法，可收到良好的建筑艺术效果。建筑阴影的利用也是增加浓重效果的一种方法。运用重量感可以突出重点，丰富空间变化。此外，色彩还有尺度感：光亮和暖色有凸出感、扩大感，也称"突出色"。浓暗和冷色有凹入感、收敛感，也称"后退色"。重点强调的主楼、大庭院及远处重点的景点景物宜用突出色。稠密的建筑，欠美的构筑物宜用"后退色"。浅色建筑能减少阳光辐射热，轻淡色建筑、玻璃幕墙建筑可减少街道的堵塞感、压抑感。市中心的夜晚照明色彩别具魅力，是城市夜间色彩世界独特的地段，在规划设计中应充分考虑灯光色彩的布置。各种灯具应以建筑小品进行设计布置。尽管人们有年龄、性别、习惯的差别，要求不尽一致，但色彩的各种效应及其适当应用，是有一定规律的。

城市中心规划，不仅具有艺术性，而且具有一定的科学技术性。它集中反映了时代文明、地方文化、地理学、政治经济学和哲学等各个方面。不仅集中了一个城市的特征，又集中反映了时代的面貌。因此，作为一个城市的核心——城市中心，其规划设计是一种多学科的综合性工作，不可拘泥于某个侧面，而应综合地全面地进行分析和创造，也不能泥古效颦，套用格式，千篇一律，而宜创作适于各自城市特点的有一定个性的新的城市中心规划设计。

### 4.2.3 城市中心区现状与地面规划的评析

我国大多数城市中心区人口密集，交通拥挤，环境质量下降，基础设施严重超负荷，城市的综合防灾抗灾能力薄弱，城市的土地资源不足是主要的症结之一，根据发达国家的经验，应合理开发城市中心区的地下空间。对城市中心区的现状分析应从以下几个方面进行概括。

1. 建筑形态

随着我国城市中心区改造步伐的加快和房地产业的迅速发展，中心区建筑形态多以高层综合体为主，层数高、体量大是建筑的主要特点。高层综合体的数量在中心区内的比例越来越大，已逐渐形成金字塔状的空间形态，中心地区的建筑高度最大，随着离中心区距离的加大，建筑的高度递减。综合体的功能也趋向多样化，而且大多数都带有 1～2 层的地下层。这些地下层不仅用作停车库、设备机房，而且还具有商业、娱乐等功能，把这些综合体有机地联系在一起，为开发中心区的地下空间提供了可能。

### 2. 用地状况

我国城市中心区一般都是在城市长期发展中以自发建设为主逐步形成的，因此是一个由居住、商业、金融、办公、文教、医疗卫生、工业和军事等各类用地组成的综合区，虽然经过这些年的调整，土地利用率得到很大程度的提高，但是在现状用地构成中，居住等非商务用地所占比例仍偏高，大量沿街的居住用地被商业排斥、包围在地块的中心地带，而这些密集居住区的更新改造步伐却不能跟上商业的发展，造成不同性质的用地犬牙交错，互相干扰，加重了中心区的拥挤程度，也加速了环境的恶化。通过改造这些与中心区用地性质不适宜的地块。不仅可以更新中心区的功能，扩大绿地、广场的面积以缓解环境压力。还可以为地下空间的开发提供更多的可能性。

### 3. 动、静态交通的设置

城市交通包括动态交通和静态交通。中心区一般是城市的交通枢纽，而道路密度小和结构不合理造成的交通拥挤，以及城市用地匮乏造成的停车面积严重不足是中心区主要的交通问题。对停车面积的大量需求为地下停车库的建设提供了动力，一般在城市中心区靠近商业中心、行政中心、交通枢纽的广场或道路下面设置车库。但根据国内外一些车库建设的经验表明，位于市中心区的地下车库会吸引车流，使本来就繁忙的交通更加拥挤，促使交通的恶化，使地下车库对城市的发展起到消极作用。另一方面，地下车库的出入口位置设置不合理，也会造成利用率不高的情况。

### 4. 中心区的扩展

随着城市中心区外围交通设施的大力建设和居住人口的外迁，商业零售、服务、办公活动向中心区外围蔓延的过程已经开始，并继续扩大其规模。通过分析城市中心区的区位，不仅可以预测中心区的规模和所需的地下空间量，而且可以得出前往中心区主要人流的方向，用以结合地铁车站的规划设置地下车库的位置。

### 5. 广场和集中绿地的分布

由于高层建筑自身发展的需要和城市对基础设施需求的增加，开始了对城市地下空间有秩序的开发利用。但由于城市建设的发展（由高层到地下）与建设顺序（先地下后地上）的矛盾，影响了地下空间尤其是浅层地下空间的开发利用，种种因素的限制使得城市中公共广场、道路公园绿地等下部空间能"自由"开发外，其他地方地下空间的开发都会与其地面建筑的业主发生一定的矛盾，因此广场、绿地等地块都是中心区地下空间开发的重要节点。

### 6. 中心区内人流量的分布

城市中心区一般是城市人流最为集中的地区之一。商业、办公建筑云集，吸引了城市大量人流前来进行购物、商务、娱乐等活动。通过对中心区内人流量和大型商业建筑分布的对比分析，以及对中心区未来人流交通的预测，考察人行天桥建设和地下过街通道现状规划以及各自的优劣点，扣除适宜"空中"解决的节点，在地面人流交通密度最大的地区进行地下步行交通系统的设置，选择在人流交通相对集中的节点布置城市广场绿地等开敞空间作为地下步行街的起始点（如繁华的闹市口、交通枢纽和地铁车站出入口等地区）。

7. 现有地下空间设施

城市中心区现有的地下空间设施一般分布在高层综合体的地下层、民防设施、地铁车站、地下过街通道内。这些地下空间设施功能单一，多为浅层开发，且相互之间没有连接形成网络。通过对现有地下空间设施的容量、分布区域和功能的分析，不仅可以预测城市中心区所需的地下空间开发利用的容量，以完善地面建筑的使用功能，并且利用地下街的设置，在城市中心区内通过地下通道的连通形成环形地下街，将主要的地下空间串联起来。随着地下空间商业娱乐等功能的开发完善，这条"主链"将吸引相当一部分人流进入地下环城，尤其是在酷暑或雨雪季节。这种地下街不仅对地面人流进行分流，改善地面交通拥挤状况，而且可将本地区的地下空间串通，与地上部分形成完整的系统，相互补充产生更大的集聚效益。另一方面，它也提高了整个地区的防灾抗灾能力，扩大了城市的容量。

8. 地铁车站的设置

大规模的地铁建设在我国还处于刚刚起步阶段。但地铁作为城市公共交通的核心，是城市地下空间开发利用的依托。因此地下空间规划的第一要点就是决策地铁建设的可行性和在可行性的前提下进行各类设施选线、选择站点等工作，地下空间的规划结合现有或正在规划中的地铁车站的设置显得尤其重要。地铁车站具有客流量大的优势，不仅解决了地下换乘的问题，避免对地面交通造成不必要的冲击，而且通过地下街与各主要地面建筑的联系，达到及时疏散人流，减少人流在地下滞留过久的现象。因此在中心区地下空间的开发中，地铁车站应设于汇集大量客流的重要场所附近，并和其他交通连接方便的地方，同时要考虑该地区的发展和城市规划相协调，具体站点要考虑施工条件、道路状况、交叉口等道路形态与交通情况。中心区地下空间开发要不失时机地结合地铁车站的建设，开发其周边地块地下空间，在所有地下空间开发类型中，这种开发方式的技术可行性是最大的，投资回收效益也是最好的。

## 4.2.4 城市中心区地下空间再开发

### 4.2.4.1 中心区立体化再开发的规划

中心区再开发可以从多方面着手进行，在水平方向上扩大中心区的范围，降低容积率，拓宽道路，这一种方式实行起来困难较大，因为扩大用地，拆迁房屋的代价过高。向高空争取空间，是另一种再开发方式，一旦对容积率实行控制，或因保护城市传统风貌而限制中心区建筑高度，向高空发展就只能达到一定的限度。因此，有计划的立体化再开发，应当同时包括向地下拓展空间的内容。

立体化再开发是城市中心区再开发的有效途径，甚至是唯一的出路，由于内容复杂，矛盾众多，必须以得到法律保障的全面规划作为指导，才能取得成功。从规划的角度看，应当注意处理以下四个方面问题：

（1）再开发规划的主要任务就是在保持适度集约化和高效率利用土地的同时，缓解已经发生的各种矛盾，保持中心区持续的繁荣。

（2）中心区虽然是城市的精华所在，也是城市的现代化标志，但同时又是城市的一部分，处在其他地区的包围之中，因此中心区的再开发不能孤立进行，不能脱离整个城市的发展规划，在交通、商业、防灾、基础设施等方面都必须协调一致。

（3）立体化再开发是耗资巨大的城市改造事业，因此只能在全面规划指导下分期实施，特别是地下空间的开发，考虑其开发的不可逆性，更应慎重，除平面上的再开发规划外，还应制订竖向的开发规划，使地下空间得到合理开发和综合利用。

（4）中心区的立体化再开发，在不同条件下，可以全面展开，也可以从点、线、面的再开发做起，最后完成整个区的再开发。

城市广场、空地、主要干道，都可做为首先进行再开发的对象。

### 4.2.4.2　城市广场的立体化再开发

城市广场是由城市中的建筑物、道路或绿化围合而成的开敞空间，是城市居民社会活动的中心，是城市空间体系的重要组成部分。广场能够体现出城市的历史风貌，艺术形象和时代特色，有的甚至成为城市的标志和象征。现代的城市生活，对广场不断提出新的要求，从当前情况和发展趋势看，有四点要求：

（1）要求城市广场功能更加多样化，能适应多种活动的需要。

（2）要求加强广场的公共性，能吸引更多的城市居民参加各种活动，提高广场的使用效率，同时每个广场又具有自己的特色，避免千篇一律。

（3）要求广场交通立体化和主要空间步行化，使广场既有方便的交通条件，又使人们在广场上有安全感。

（4）要求具有与其性质和地位相适应的规模，丰富的景观和良好的服务设施，创造完美的建筑艺术形象，使人感到舒适、亲切。

广场的再开发有易地新建（保全型）、原地改建（修复型）和原地重建（再开发型）等三种方式。

（1）当传统的城市广场具有较高的保留价值时，应在不损害传统风貌的前提下适当加以改造，例如增加一些基础设施等。

（2）如果传统广场与现代功能要求的差距较大，则应保全原广场，易地建设新广场。当交通集散广场上的主要交通建筑物需要易地新建时，广场也必随之新建，原广场与车站建筑可能经修复后保留，例如上海和沈阳，主要铁路车站实行了易地新建后，在城市中就出现了新的站前交通集散广场。

（3）采用原地重建方式的广场也比较多，典型实例——天安门广场。

明、清时期的天安门广场是王公大臣和外国使节等候上朝和召见的场所，是由天安门、大清门、长安左门和长安右门围合起来的一个 T 形广场，对于普通市民是一个禁区。民国后拆除了围墙，打通了东、西长安街。1959 年进行了大规模的再开发，采取原地重建的方式，除天安门外，拆除了所有古代建筑，建成一个世界最大的，政治性和纪念性都很强的城市中心广场，成为首都的象征。城市广场的再开发方式还有另外一种含义，即包括平面上的拓展和空间上的立体化两种方式。

天安门广场的再开发，主要是平面上的扩展，从原来的面积不足 $10hm^2$ 的狭长形广场，扩大成一个长 800m，宽 500m，面积 $40hm^2$ 的大型广场，通过新建的大型建筑物，重新实现对广场的围合。这种单纯的平面扩展方式，满足了百万人集会的需要，但是在大量非集会时间内，广场的功能就过于单一，空间就显得离散，特别是缺乏必要的服务设施，不能充分发挥城市中心广场的应有作用。

国内外的实践表明，对城市广场实行立体化再开发，有利于扩大广场功能，节省用地，改善交通，并为城市增添现代化的气氛。由于拆迁量较小，城市广场是城市地下空间最容易开发的部分。

广场周围建筑物的高度为了与广场空间保持适当的尺度而受到限制，容积率不可能很高，因此充分利用地下空间，使一部分广场功能地下化，例如商业、交通、服务、公用设施等，就可以在有限的空间内，容纳更多的功能，在地面上留出更多的步行空间供人们开展各种活动；同时，广场的空间层次将更为丰富，广场的建筑艺术效果得到加强，对城市居民和旅游者产生更大的吸引力。

### 4.2.4.3  中心区主要街道的再开发

城市中心区的街道是由道路和两侧建筑物形成的开敞空间，与广场一样，都是城市空间体系的组成部分。同时，沿主要街道，例如在两端和与其他道路交汇处，都可能有大小不同的广场，形成有节奏的城市空间序列，体现出城市的历史和时代风貌。历史上形成的旧街道，只能与当时的交通状况和建筑技术水平相适应，无法满足城市发展后新的需要，因此每经过一段时期，就需加以适当的改造，直至全面的再开发。

这种再开发一般首先在中心区的主要街道进行。主要街道的再开发，涉及的范围比广场大，问题也比广场复杂。例如，为了解决交通问题，拓宽道路是最简便有效的方法，但拓宽道路必然要拆迁两侧（至少一侧）的建筑物，不仅拆迁建筑物本身需要相当高的代价，更大的问题是在再开发期间，沿街的商业营业损失巨大，对城市经济造成压力，实际上相当于增加了建设投资。主要街道的再开发，在保持适当容积率的条件下，提高两侧建筑物的高度和加大建筑的体量是必要的，但是必须有统一的规划加以控制，如果放任自发的改建，必然会增加层数，使街道相对变窄，环境更加恶化。

为了在有限的空间内尽可能扩大环境容量，实行立体化再开发是一个有效的途径，主要应使交通立体化，实现人、车分流。在街道进行再开发期间，原有的地面交通会受到很大影响，一般多采用限制某些车辆通行，或白天通行、夜间施工等方法，但都会给邻近的道路增加压力，特别是地下工程的施工，影响就更大。

因此，采用先进的施工技术是很重要的，例如地下工程的暗挖法和盖挖法（又称逆作法），就可在较大程度上缓解这一矛盾。

### 4.2.4.4  传统商业街的立体化再开发

凡是历史比较久远的城市中心区，一般都有一条或几条传统的商业街，这些商业街都具有与城市历史背景相联系的传统和特色，同时又与城市的现代化进程不相适应。这种商业街的再开发，比一般街道复杂和困难得多。因此必须对街道的历史、现状和发展前景进行全面的调查研究，综合的论证和反复的方案比较，然后慎重地做出决策和完整的再开发规划。

传统商业街的再开发至少应考虑以下四个带有共同性的问题。

（1）保存传统风貌。在不同条件下可采取不同的方法做到这一点。有的商业街可完全保留原状，适当加以修复和更新基础设施，然后另辟新的商业街，以满足现代城市生活的需要。对于一些大型的传统商业街。不可能简单地用某一种方式进行再开发。而应以一种方式为主，再灵活地辅以其他方式。例如，上海南京东路是传统商业街，商业和交通负荷均早已超过原有商业街的承受能力，亟须进行再开发。显然，全面拆除重建是不合理的，因为沿街有相当数量的近代大型建筑物，如银行、饭店、百货公司等，不但有保留价值，而且建筑质量较高，适当修复即可保存下来。在这种情况下，当然不能用拓宽道路的方法解决交通拥挤问题，而应当改造中心区的道路结构，将车辆转移到其他街道，使南京东路步行化，而原有街道的宽度对于步行商业街还是比较合适的。为了扩大商业空间的容量，不采取建造商业大楼的做法，而是将沿街商店向后扩展，改造两侧的旧街区。对于一些没有保留价值的地段，例如西段的大庆里一带，进行拆除，重建一条新的南京路，新建一些现代化的综合商业大楼，把传统商业街与现代商业街统一起来。

（2）对不适应城市发展的基础设施进行现代化改造。基础设施的改造最主要是交通的改造。交通改造的关键问题是实行人、车分流。实现商业街的步行化，这样对改善购物环境，提高两侧商店的营业额都十分有利。国外有很多实例可以说明这一点。日本有些商业街不具备完全步行化的条件，但是周末在最繁华地段对车辆实行封闭，设置禁止车辆通行的路障，满足居民对商业街步行化的要求。此外，单靠在平面上解决交通问题比较困难，因此，发展大运量的地下快速轨道交通，吸引大量人流在地下空间中集散，是比较有效的途径。

（3）开发利用地下空间。开发利用地下空间对传统商业街的改造有特殊的意义。从保存传统风貌的要求出发，地面建筑的层数不宜过多，过街天桥和高架道路更不适于建造。地下空间的利用为交通的立体化改造创造了有利条件，同时也可弥补由于地面上容积率较低而造成的商业空间的不足。

（4）保持传统的商业特色。保持传统的商业特色使之与整体的传统气氛协调一致。上海城隍庙附近的商业街，在商品和饮食等的经营上都很有特色。

## 4.2.5　城市中心区地下空间的形态规划

城市地下空间的开发利用是城市功能从地面向地下的延伸，是城市空间的三维式扩展。在形态上，城市地下空间是城市形态的映射；在功能上，城市地下空间是城市功能的延伸和扩展，也是城市空间结构的反映。城市形态是由结构（要素的空间布置）、形状（城市外部的空间轮廓）和相互关系（要素之间的相互作用和组织）所构成的一个空间系统。

城市地下空间形态则是由各种地下结构（要素在地下的空间布置）、形态（城市地下空间开发利用的整体空间轮廓）和相互关系所构成的一个与城市形态相协调的地下空间系统。

城市地下空间的形态构成要素可概括为道路网、街区、节点、城市用地和发展轴，是一种人工与自然相结合的连续分布的空间结构。与城市形态不同，城市地下空间形态是一种非连续的人工空间结构，这种非连续性表现为平面上的不连续与竖直方向的不连续，并且城市地下空间完全是一种人工空间。图 4.10 是城市地下空间的构成要素图。

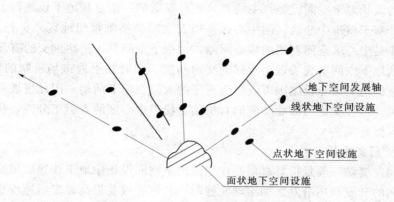

图 4.10 城市地下空间的构成要素图

1. 点状地下空间设施

点状地下空间设施是指相对城市总体形态而言，在城市中占据较小平面范围的各种地下空间设施。点状地下空间设施分布于城市街区、城市节点以及城市的其他用地中。在城市中心区，点状地下空间设施一般分布于城市的节点部位，如中心区内人流集散点、道路交叉点、广场、交通站场，以及建筑综合体的地下部分（地下车库、地下商业设施等）。这些城市节点既是构成城市形态的重要组成部分，又是城市中人流、车流等集聚的特殊地段，与城市节点相协调的各种点状地下空间设施，不仅使中心区的空间达到三维的立体化，解决城市节点的人、车分流与动、静态交通设施拥挤等问题，保持了交通的畅通，同时节点地区又是中心区内可用地下空间资源的最适宜的位置，因此城市节点往往是城市上、下部空间的结合点，也是点状地下空间设施与城市形态保持协调的方法之一。

2. 线状地下空间设施

线状地下空间设施相对于城市整体形态而言，呈线状建设分布，如地铁、共同沟等设施。线状地下空间设施一般分布于城市道路下部，城市的道路网构成了城市形态的基本骨架，线状地下空间设施则构成了城市地下空间形态的基本骨架。没有线状设施的连接，城市中心区的地下空间开发利用在城市形态中仅仅是一些分布散乱的点状设施，不可能形成整体轮廓，并且在总体上使用效益也不高。现阶段，我国城市地下空间的开发利用主要缺乏对线状设施的作用与地位的认识，没能形成整体空间形态。

主要的线状地下空间设施——地铁，不仅是现代化的城市交通工具，也是城市现代化更新与改造过程中，城市空间资源综合开发利用的发展轴。在我国城市中，随着地铁网络的形成和完善，地铁还将起到城市发展轴的作用。地铁作为城市地下空间的发展轴，是由若干地铁车站及其区间隧道所构成的一个有机整体。地铁车站是城市中重要的点状地下空间设施，其作用不仅是地铁与城市上部空间结构的结合点，而且也是地铁人流的集聚和疏散点。地铁车站的设置，既要考虑交通流量，还要考虑车站设置于可用地下空间资源的范围内，其综合开发在形态上的可行性，使其发挥更大的运输能力，发挥与城市各种功能综合利用的效应。

3. 由点状、线状设施构成的面状地下空间设施

面状地下空间设施是由若干点状地下空间设施通过地下联络通道相互连接，并直接与

城市中心区的线状地下空间设施（主要是地铁）联通的一组点状地下设施群。面状地下空间设施大多分布于城市中心区（副中心区）以及大型的换乘枢纽地区。实行人、车分流，保证交通有序是中心区空间利用的核心问题，而地下空间利用是达到交通有序化的唯一手段，所以面状地下空间首先表现出较强的交通功能，同时在土地市场机制的调节作用下，兴建一定数量的地下商业设施则可以吸引更多的人流在地下活动，因此发展商业功能也是一种必然结果。这种交通与商业功能的有机结合使得中心区的人、车分流，从而极大地改善了交通和自然环境。

4. 地下空间发展轴

地下空间发展轴一般是指具有离心作用的地下空间设施中地下快速轨道交通系统。当城市地下空间的开发利用沿发展轴滚动发展时，其综合效益最高。发展速度也最迅速。城市地下空间发展轴可以与城市发展轴相重合。当两者重合时，其综合效益最高，发展最迅速。点状地下空间设施、线状地下空间设施、面状地下空间设施以及地下空间发展轴可以有不同的功能，也可以是各种功能的综合体。

城市地下空间的开发利用规划是在城市总体规划的指导下，以城市的地下空间开发利用为主要目的的一种三维空间的城市空间资源规划。城市中心区的地下空间规划，首先要对中心区上部空间和下部空间现状进行分析，发现中心区内交通最为拥挤、人流最为集中以及环境质量最差的地区，经过分析研究后确立在哪些地区可以通过地面的改造来解决城市交通和环境问题，哪些地区可以通过开发点状地下空间设施来解决，以此作为地下空间开发的对象，并且结合地铁线路在中心区所围合而成的区域作为整个中心区面状地下空间的规划区域；然后通过地下通道（如地下街）将点状地下空间设施相互连通（这种点状地下空间设施包括以地铁车站为中心的地下综合体、公共建筑的地下室以及下沉式广场等），把这些设施的人流导入地下以实现人、车分流。从而组成片状的地下活动综合体，并且将点状地下空间设施或地下街与地铁车站相互连通，以此形成一个完整的集交通、商业为一体，平战功能相结合的，地下、地上相互协调的城市空间的有机系统。

## 4.2.6  城市中心区地下空间开发应遵循的原则

城市地下空间开发与利用的目的在于承担城市中的部分职能，解决城市中心区内存在的种种问题。在进行地下空间开发的过程中，应当按照以下几点原则进行规划。

1. 以地铁建设为依托

交通便捷是城市发展有利的促进因素，世界上经济发展较快的城市，几乎都具有不同程度的交通优势。在城市地下空间的开发与利用中，首先应选择交通相对便利和商业繁华的中心区作为重点开发的对象。在市中心区的改造中，交通往往是最突出的问题：人流量大、道路狭窄、交通堵塞的情况经常发生。在市中心地带，通过结合全市范围内的地铁建设设置站点的方法，可以达到及时疏散人流、减少人流在中心区内无效滞留的目的。

因此，城市中心区地下空间规划的第一要点就是决策城市地铁开发的可行性和在可行的前提下的各类设施选线以及站点的选择。地铁车站具有客流量大的优势，在中心区地下空间的开发中，结合地铁车站的建设开发其周边地区的地下空间，通过地下街联系各大型公共建筑的地下空间，形成环网状的城市地下空间综合体。这种开发方式的技术可行性是最大的，投资回收效益也往往是最好的，而且这类开发方式最适合于商业和其他公共建筑设施发达的中心区域修建地铁车站时的情况下能够实现。同时，地铁作为城市地下空间形态的骨架，连接城市其他地区的地下空间设施，从而形成完整的城市地下空间体系。

2. 城市上、下部空间的协调发展

城市的上、下部空间是有机联系在一起的，不可能分割和独立地进行发展。地下空间作为城市上部空间的补充和延续，是上部空间的发展与建设的基础。当城市立体化再开发时，地下空间的"基础"作用从简单的建筑结构概念引申到了更为广泛的城市综合发展的范围，具体表现在通过地下空间的开发弥补了城市上部空间诸多难以解决的矛盾和促进了城市发展。城市是一个整体，地下空间和地上空间的联系还表现在功能对应互补、共同产生集聚效应上，同时城市地下空间的开发在平面布局上还应与地面主要道路网格局保持一致，达到功能分布上的对应互补。

因此，城市中心区地下空间开发应遵循协调的原则。它包括两个方面的含义：一是地下空间开发的功能应与城市中心区的职能相协调；二是各种地下空间设施的功能应与其所处的城市中心功能区以及周围建筑物的职能或规划功能相协调。地下空间开发的协调原则是城市地下、地上空间资源统一规划的基础和必然结果。

3. 保持规划总体布局在空间和时间上的连续性和发展弹性

任何城市规划都应是一个动态的连续规划，在规划工作中对现状以及未来的发展方向的分析预测不可能都是百分之百充足而精确的，随着时间的延续，会有新的情况发生，因此在城市中心区地下空间的规划中，应尽量考虑这些不可知的因素，在保持总体布局结构、功能分区相对稳定的情况下，使规划在实施的过程中具有一定的应变能力，成为具有一定弹性的动态规划。

4. 适应性和可操作性

中心区地下空间开发的功能应当与地下空间的特点相适应，甚至比在地面空间更为有利，如与地下空间的热稳定性、环境易控性等特点相适应。地下空间的开发只有与地下空间的特点相适应，才能发挥出巨大的经济、社会和环境效益，否则不但无助城市空间的扩展，还会造成地下空间资源的浪费以及不良的社会经济后果。同时，城市中心区地下空间的开发还必须与城市的客观现实性相结合，这样才能为城市建设提供管理依据和发展方向。

# 第 5 章　城市下沉广场规划与设计

## 5.1　城市广场、绿地存在的问题及发展趋势

### 5.1.1　广场的城市功能

　　城市广场是由城市中的建筑物、道路或绿化带围合而成的开敞空间，是城市居民社会活动的中心，是城市空间体系的重要组成部分。广场能够体现出城市的历史风貌、艺术形象和时代特色，有的甚至成为城市的标志和象征。

　　中国封建社会的城市比较封闭，居民很少公共活动，没有对广场的社会需求，只是在商业、贸易的中心地带，可能有一块较大的空地，称为"市"，也还未形成广场。因此中国的广场文化和思想观念不如西方有些国家丰富和开放。

　　近代和现代的城市广场，在功能上和形式上都有所发展，除原有功能外，增加了政治活动、交通集散、文化休息等内容，形式上也更加开放和多样，主要可归纳为两大类型，即公共活动广场和交通集散广场。此外，广场在数量和位置上也有发展，在一条城市主干道上，就可能有大小不同、功能不同的几个广场，形成一个城市空间序列；又如，广场虽多集中在市中心区，但在其他地区，像大型居住区、旅游区等的中心地带，都可能形成一个公共活动广场。

　　现代的城市生活，对广场不断提出新的要求，从当前情况和发展趋向看，首先，要求城市广场功能更加多样化，能适应多种活动的需要。我国的一些城市广场，在 20 世纪六七十年代主要用于大规模的政治集会、游行。这种广场虽大，但空旷、单调，与现代丰富的城市生活很不相称。其次，要求加强广场的公共性，能吸引更多的城市居民参加各种活动，提高广场的使用效率，同时每个广场又具有自己的特色（即所谓"个性"），避免千篇一律。第三，个要求是在广场上能感到安全、轻松，这也是增强广场吸引力的一个前提。最后，城市广场应具有与其性质和地位相适应的规模，恰当的尺度，丰富的景观和良好的服务设施，创造完美的建筑艺术形象，使人感到舒适、亲切。这样一些要求，对于很多过去形成的城市广场来说是较难全面满足的，因此就有一个在条件成熟时对原有广场加以改造，实行再开发的问题，这对城市中心区的再开发，对于整个城市面貌的改观，都有重要的意义。

### 5.1.2　城市广场、绿地建设和使用中存在的问题

　　虽然近年来我国许多城市在广场绿地的建设方面已经取得了一定的成绩，然而在这方面也还存在很多需要解决的问题。

　　首先，随着我国城市化的发展和经济的快速增长，大部分城市的规模和建设强度都有了较快的发展，但是城市广场、绿地的拥有量还很低，远不能满足城市生态、环境和市民

生活对广场、绿地日益增长的需要。城市广场、绿地在城市中显得非常稀少和珍贵,在数量和规模上还不能充分满足城市生活的需要。城市绿化率近年虽有较大的提高,但与发达国家绿化水平高的大城市比还有很大差距。

其次,长期以来,广场、绿地虽然具有较好的社会效益和环境效益,还能提升周边地区的经济效益,改善城市的旅游环境,但是其自身却很少创造直接的经济效益。这使得对于土地价值高、开发强度大,各种城市矛盾集中的城市中心地区来讲,保留乃至开辟新的广场、绿地代价巨大。虽然在城市绿化上投入了很大的力量,但是许多城市中的已有绿地还是在逐渐被蚕食,而开辟新绿地的工作则举步维艰。城市规划部门为了达到城市绿化覆盖率的要求,不得不"见缝插针",很难开辟出一定规模的绿地,形成了建设活动与城市绿化争地的局面。

第三,城市广场普遍功能单一,不能满足人们多样化的需求,对市民的吸引力不足,因此经常光顾的多是前来锻炼的老人和进行户外活动的儿童。本来应该成为公众活动中心和"城市客厅"的广场,没有起到应有的作用,大大降低了广场的社会效益。

第四,许多广场上的配套服务设施都比较缺乏,往往不能满足人们的基本需要,给使用带来很大不便。而那些修建在地面上的小卖店、摊点、厕所等服务设施与环境格格不入,往往对环境产生负面的影响,成为景观设计师们的最难处理的内容。

第五,广场和绿地往往同时存在,互为依托,但是现在许多城市广场都存在绿化不足的问题,例如,城市中心广场过去往往具有很强的政治性,这类广场面积普遍较大,而且为了适应大规模群众活动的需要,广场以硬质地面为主,绿地很少,往往显得空旷单调。近年来,集会、游行等活动已经较少举行,而广场空间由于服务设施与绿化不足、尺度过大,缺乏人性化设计,不能为人们提供良好的开敞活动空间,使用效率很低。实际上这些广场已成为巨大的城市空地,需要改造。其次,文化休息广场上活动内容单一,绿化和休息空间不足,空间过于平淡,不能为人们提供环境良好、内容丰富多彩的游憩活动空间。再如,火车站前广场是以交通功能为主的广场,需要处理好人流和车辆的集散和车辆停放问题。但是,许多这类广场不能有效地组织各种交通,使得车站运转的效率受到很大限制,也给进、出站和候车的旅客造成很大不便。

## 5.1.3 城市广场、绿地的发展趋势

现代城市当中,广场、绿地同属于城市开敞空间的一部分。在城市生活中,都具有环境、景观方面的作用,同时为人们提供了公共和半公共的活动空间。但是,广场和绿地又具有各自的特点,广场以硬质地面为主,其环境多以建筑和其他人工要素构成,主要满足人们公共活动的需要,人流量大;绿地内主要是种植了花草树木的绿化空间,还包括一些水面,其环境要素以自然元素为主,其功能在于美化环境、改善生态、提供游憩空间等方面,人流量不宜过大。

现代城市广场和绿地在功能和形态上出现了交叉与融合的趋势。

早期的城市广场地面一般为满铺的硬质地面。由于广场规模较小,功能单一,广场上一般没有引入绿化。西方工业革命以前的城市广场和我国的传统广场都是如此。随着现代城市的发展,城市环境恶化,人们对环境、生态日渐重视,广场功能也更趋多样化,传统

的完全硬质地面的广场已不能适应需要，绿地被逐渐引入城市广场。缺乏绿化的广场一般景观比较单一，缺乏生机，对市民的吸引力会大大减退。对于较大型的广场，如果没有适当的绿化，广场的气候环境也可能是严酷的。绿化在改善广场环境、景观、生态方面具有重要意义，现在已经成为城市广场中不可缺少的元素。如今，许多广场都在按照"绿化广场"的思路设计，一些广场的形态已经接近开放式的公园。广场绿化的发展是与城市生活需求多样化以及城市环境、生态问题日益受到重视相适应的。

现在国内的广场绿化多为草地与低矮灌木，这是与广场开阔的空间形象相适应的。但是，草地与灌木在环境效益与生态效益方面不如树木，草地还需要大量用水。在一些广场的设计中已经注意到了这一点，在广场中种植了树木，利用它们提高广场绿化的环境与生态效益水平。树木在一定程度上还能改善广场的景观与围合条件，并提供较为隐蔽的活动空间。

大连人民广场是一个巨大的城市中心广场，占地 9.8hm²。为了景观的需要，广场上安排了大面积的草坪。但是过于开阔的广场上几乎没有任何遮阳的空间，也缺乏基本的服务设施，所以不适宜步行活动，而只能满足景观的需要。上海人民广场是一个以绿化为主的城市广场，而且草坪与树木相结合，绿化率较高，形成良好的生态效益和环境效益。图5.1 是大连人民广场。

图 5.1　大连人民广场

城市绿地对环境、景观、生态功能并重，同时带有一定的游憩功能，使身居城市的人们能够接近自然。随着城市的现代化、生活的多样化发展，以及城市空间公共性与开放性的提高，绿地也获得了公共空间的性质。这促使人们在绿地中开辟出适当面积的硬质地面空间，以满足人们公共活动的需要。

综上所述，现代城市广场与公共绿地互相融合的趋向十分明显，因此建设充分绿化的广场和有供人们活动空间的绿地，对于城市生活质量的提高，生态环境的改善，以及树立现代化大都市的良好形象，都有很重要的意义。

## 5.2　城市下沉广场规划与设计

下沉广场是一种新型的城市公共空间，随着城市化的快速发展以及城市地下空间的大规模开发，如何衔接城市地上、地下空间，实现城市空间的立体化和系统化，已经成为城市发展的迫切需求。城市下沉广场的开发与建设正是解决这一问题的最佳途径。下沉广场不仅为人们带来了良好的公共交往空间，还合理地解决了地上与地下空间的过渡与转换问题，并成为现代城市中新型的公共活动与交通集散的重要场所空间。因此，下沉广场已经构成了现代城市设计的重要节点空间。城市下沉广场作为地下空间的一部分，一种新出现的城市公共活动空间，既是整个地下空间系统的节点空间，也是地上地下空间一体化和城市空间立体化的节点、枢纽空间，在整个城市地上地下空间系统化的过程中起着越来越重要的作用。良好的下沉广场设计不但可以整合地上、地下空间系统，也有助于城市交通状况的改善和城市公共空间环境的优化，在保持城市繁荣和活力的同时，提高城市运转的效率，推动城市建设的可持续发展。近些年来，伴随着我国城市地下空间的开发与利用，各种各样的城市下沉广场也如雨后春笋般在各地开始建造实施。

## 5.2.1　城市下沉广场的建设及发展趋势

### 5.2.1.1　城市下沉广场的建设

城市广场的出现已有悠久的历史，特别是到文艺复兴时期，在意大利和法国都取得了辉煌的成就。但19世纪以前的城市广场，不论何种性质和布局，基本上都属于平面型广场。20世纪以后，随着工业化的不断发展，城市化进程的加速，为了解决越来越迫切的城市矛盾，城市广场开始向空间型发展，下沉广场就是其中利用最为广泛的一种。

随着城市空间立体化的发展，尤其是地下空间的进一步开发和利用，地下空间的功能发生了改变，从简单的技术容器发展到了人类公共活动的场所，人们在使用地下空间的同时，也逐渐发现了地下空间的一些弊端，如心理上存在着压抑感，方向感差等。所以人们提出声、光、热以及接近自然等各方面的要求，渴望能够改善这些弊端，由此下沉广场应运而生。

下沉广场最早在美国出现。美国的城市广场在20世纪40年代以前多采用平面型的，40～60年代是平面型向空间型过渡的时期，70年代以后，大部分倾向空间型。图5.2是纽约洛克菲勒中心的下沉式广场，是比较著名的早期实例之一。

图5.2　纽约洛克菲勒下沉广场

下沉式广场不但可以避免城市地面交通干扰，而且还可以在城市中心区引入新的功能空间，加强地面空间与地下空间的联系，同时又不破坏周围原有的地面景观，改善了城市环境。20世纪60年代以后，下沉式广场得到普及，尤其作为商业建筑或大型公共建筑的前院，具有特殊的意义。如纽约花旗联合中心前院、豆梗餐厅前院、纽黑文市英国艺术博物馆侧院等都是小型下沉式广场。这些小广场都是利用大型建筑地下室部分开设餐厅、酒吧之类，把下沉广场作为前院，院内布置花草树木、喷泉、雕刻等，有时也设置露天茶座。由于广场地坪比街道低下一层，不仅使地下层部分的餐厅能获得自然采光，而且环境安静幽雅，城市景观也富有变化。芝加哥市中心的第一国家银行广场则是一个公共下沉广场，中心部分设有水池喷泉，内部空间开阔，可供市民进行各种露天活动。

#### 5.2.1.2　城市下沉广场的发展趋势

在国际上，下沉式广场已从功能单一向着多样性、综合性发展，并配合环境小品、绿化等环境要素的设计，使城市下沉式广场充满了活力。现代下沉广场具有以下几种发展趋势。

**1. 功能多元化**

随着时代的进步与大众文化修养、素质的提高，以及城市建设中公众参与的广泛和深入，现代设计中"人"的要素更加突出。由于人与环境是一个共同的动态整体，人对环境的利用是富有创造性的相互协调过程。因此，城市下沉广场在品位上走向复杂化、高级化，并向社会全体使用者以及社会生活的各个方面渗透，将是下沉广场设计中要面对的重要课题之一。

现代城市下沉广场既要满足广大公众的多样需求，又要便于形成良好的城市景观。将不同的功能组织在一个整体之中的多元建构不但表现在场地空间上，同时还表现在景观意境上。在这个多功能的多元复合交往场所中，个体的闲逸与公众集会活动同样重要，休憩需求与人文历史内涵同样重要，行为细节的舒适感与空间体验同样重要，闲暇时间的"无为"与信息交流学习的"有为"同样重要。多元的功能组合、复杂的设施配置，以及千姿百态的个体、群体行为，甚至融合进的商业、信息要素等等，多方面的建构形成个性与整体的统一，即所谓的"和而不同"。在现代社会背景下的现代城市下沉式广场，"不同"是满足公众和社会需求的手段，而"和"才是目的。图 5.3 是上海静安寺下沉广场，该广场正是为人们提供了交通、商业、餐饮、阅读、表演等多样化的空间环境和服务，才成为城市的地标和深受市民欢迎的公共活动场所。

图 5.3　静安寺下沉广场　　　　　图 5.4　北京海淀公园下沉广场

2. 活动休闲化

休闲时代的到来是人类社会发展的必然趋势。休闲是指在工作时间和其他日常必要时间以外的闲暇时间内进行的自由活动，是人的一种崭新的生活态度、生活方式、生存状态。休闲的直接目的是消除体力上的疲劳，获得精神上的慰藉，促进个体身心和意志的全面发展。休闲是缓解身心压力的有效途径，随着知识经济时代的到来，工作节奏日益加快，工作压力愈来愈大。工作快节奏和竞争的剧烈，使现代人的内心压力和脑力劳动强度加大，精神上的困倦远远胜过体力上的疲劳。人们迫切需要具有精神调节作用的休闲活动，愉悦身心，消除疲劳，恢复体力，调整心态，舒缓压力，去应对激烈的竞争。城市经济的发展和居民收入的提高，恩格尔系数在50%以下持续降低运行，带薪假期和闲暇时间不断增多，丰富的城市休闲生活信息引发……，这些因素综合的结果是：生活在城市密度空间中的人们向往着充满自由意境的休闲生活，渴望以个性化的方式愉快、自愿地去体验各种场景和活动，感受从工作环境和物质环境的外在压力下解脱出来的相对自由的生活方式，追求获得生理和心理能力方面的"重生"机会，以提升自己的生存质量，人们迫切希望"回归"城市空间。

3. 空间园林化

由于现代社会的节奏加快，人们在其休息休闲时，喜欢去自然景观好的地方放松心情，缓解压力，所以大量的城市公园和城市绿地出现。而作为城市公共空间的重要组成部分，下沉式广场也在发生变化：在广场的设计中大量地引进树木、花草和水景等自然元素，出现了一些以自然元素为主体的广场，或是在布局上以花园和公园为主体的广场。这些以自然景观为主体的下沉广场的出现，给长期居住在城市中的人们以清新感，它符合现代人向往自然的心理和要求回归自然的愿望。所以园林化是当代城市下沉式广场发展的必然趋势。图5.4是北京海淀公园下沉广场，其位于音乐彩光喷泉广场内东南侧，分为地上地下两层，地上为阳光走廊，地下为庭园式广场，下沉挡土墙上铭刻着康熙皇帝《畅春园记》中有关"海淀"的描述，访古思今，令人遐想联翩，同时通过大量自然元素的运用，配合以园林化的手法，深受人们的喜爱。

## 5.2.2 国内外城市下沉广场建设的类型

### 5.2.2.1 下沉广场的功能构成

使用功能是任何一种城市空间类型存在的基础，而功能的混合使用则是城市空间活力的基础。随着现代城市多元化发展的趋势，下沉广场也正朝着综合性的多功能复合体发展，但我们只有先找出构成下沉广场的各个独立的功能要素，理解其内含和作用，才能真正将各种要素组成一个整体，发挥其独特的空间活力。现代城市下沉广场的功能要素有很多种，但影响下沉广场设计的基本功能要素大致可以分为以下几类。

1. 交通功能

随着城市现代化的快速发展，交通工具的机动化越来越深刻地影响着城市面貌和城市生活，汽车道占据了城市的街道空间，减少了步行交通的空间，于是街道逐渐丧失了作为生活空间及会晤场所的功能作用，也使城市失去了生活气息。"使交通场所成为有意义的场所，成为构筑城市的交流场所，或者说再度成为这样的场所"。下沉广场正是这样一个把交通与城市空间相结合的场所空间，通过空间立体化的处理方式，使地下空间与城市地面空间结合起来，将步行交通或车行交通引入立体空间，并将立体的下沉空间改造成为供市民休息、娱乐的公共活动场所，使下沉广场充满了活力。下沉广场的交通功能主要有以下几个作用。

（1）人车分流。在城市中心和客运站等处，人流、车流量极大，下沉广场利用整体在空间垂直方向上的高差形成不同标高的城市平面交通网络，解决不同交通类型之间的干扰。同时通过下沉广场的竖向空间来加强地上、地下城市交通空间之间的联系，使其成为城市交通的核心空间。客运站、地铁站、公交站、停车场、地下商场、地下通道等通过下沉广场在不同的水平面上彼此相连，从而将地面上的大量人流吸引到地下或将地下各种车行带来的人流重新输送到地面城市空间，使步行人流与车行分离，各行其道，缓解城市中心交通压力。许多老城区中心的再开发，几乎完全取消街道上的停车场和车行交通的空间，而改为建造地下多层停车场，结合地铁的建设，将地面公共交通空间转化为人的停留空间，并利用下沉广场将人行与车行空间衔接起来，使居住区和商业区从机动车交通的负荷下解放出来，为人们提供安全、舒适的购物、休闲、娱乐的社会活动场所。

（2）便捷的可达性。一个场所能够提供的容许人们在其中穿行，从一个场所到达另一个场所的机会的多少被称为场所的可达性。任何城市空间场所的可达性好坏取决于它所能提供的快速到达其他场所的路线的多少。下沉广场作为地上、地下空间的衔接体，可以提供立体的多层面的可达性，形成地上、地下空间的交通枢纽。下沉广场可达性的设计主要表现在两个方面：一方面表现在地上空间的交通组织上，下沉广场是城市交通组织的一个重要节点，其在城市街区中的位置很大程度上决定了下沉广场地面可达性的好坏。所以在下沉广场的位置设计上应将其设于街区的中心位置，使其与周边的建筑、场地及公交站点等都有较为便捷的联系，可以让地面人流快捷地进入地下空间，或让地下人流以下沉广场为中心快速散入到周边的空间环境中，使下沉广场真正成为地面步行交通组织的枢纽，减少市中心地区的人流密集度，缓解地面交通压力。另一方面表现在地下空间的交通组织上，下沉广场在其基本功能上是地下空间的出入口。由于空间下沉和人的心理因素作用，一般来说，人们不愿意进入地下空间。如果下沉广场只是作为某个单一地下功能空间的出入口，那么除了有特定需求的人以外，普通人并不会把它作为一般的步行空间而进入其中，只有当其提供了多样化的可达性要求，满足了人们的休闲心理和多样化的需求时，才能吸引人流进入其中，达到对地面人流进行分流的作用。因此，下沉广场在地下空间的设置上，应作为多种地下空间共用出入口，或作为某一个地下综合体的交通枢纽来设计，这样才可以起到对地下交通的组织作用，提高下沉广场的使用效率。

（3）提供充足人流。广场是社会发展的产物，具有较强的社会价值与品质，而这种价值的发挥需要行为活动的支持。传统的广场周围都有大量的居民区，由于市民直接居住在广场的周边，保证了广场的人气。现代的城市广场往往忽略了这一点，最终将广场变为城市的纪念碑，丧失了广场的本质属性。下沉广场由于一般与城市地下轨道交通等相连接，可为广场带来大量的人流，从而间接地为下沉广场内的各种公共活动提供了极佳的行为支持，保证了下沉广场社会、经济、文化价值的实现。

2. 商业功能

在城市发展的历史上，城市广场一直是各类经济活动的中心。下沉广场虽然不具备集市的功能，但商业功能仍然是现代下沉广场设计的一项重要内容，它并不意味着场所精神的丧失，只是意味着场所形成方式的改变，是在市场的影响下，使用者的地位被突出的强调了，在其基本意义上是符合"以人为本"设计原则的。它的合理配置关系到下沉广场的场所氛围和市民的生活需求是否能够得到满足和实现。一方面，由于现代下沉广场一般都与城市地下轨道交通相衔接，合理的商业要素开发可以充分利用轨道交通为下沉广场带来大量的人流，提高下沉广场的运营效率，充分挖掘广场的潜在经济价值，同时也对轨道交通所带来的大量的密集人流起到了分流作用，减小了对地上、地下交通的影响，使下沉广场内的人流疏散更为均匀、合理。另一方面，下沉广场内的市民交往活动需要适量商业要素的服务与支持，它可以满足市民活动的多样化需求，体现广场的人文精神。此外，商业性要素的合理配置可以提高下沉广场内市民活动的多样性和视觉的丰富性，增添下沉广场作为公共活动空间的场所气氛。

### 3. 文化功能

城市公共空间是市民社会交往的最佳场所，广场的文化功能作为城市文化的一个重要组成部分，就在于它为各种社会交往活动提供场所，可以展现一个城市市民的政治经济状况和风俗习惯，促发人的行为并成为行为活动的发生器。古希腊的哲人们在柱廊里交换他们的哲学思想，探讨治国理念，一种伟大的文化也因此应运而生。古希腊文明给我们的重要启示是，一个乐于社会交往的集体才有能力创造伟大的文明。社会交往的愿望在每个时代以不同的形式存在着，这种人的本能需求是文明发展的基本动力，为此人们需要公共空间来展示和发展自己，城市广场便是这种社会公共生活的结果。人们在公共空间里交往既是人的自然需求，也是人的基本权力。当代社会交往活动常常是有组织的，而下沉广场空间的开放特性是集体和公共性的同义词，下沉广场空间的围合特征则是安全感的标志，它象征着人们共同的归属。因此，通过将下沉广场作为组织、展示各种宣传活动的舞台，传播各种社会文化。

### 4. 休闲功能

在现代社会中，生活闲暇化是广大市民追求的目标，休闲时间的多少成了衡量生活品质的重要砝码。这种城市生活的演变直接影响甚至决定了城市广场的造型。下沉广场休闲性的一个重要根源正是来自于它的形态独立性。由于下沉广场自我形成了阴角形态的城市外部空间，从而形成了一种亲切的、令人心理安定的场所气氛。事实上广场空间的下沉、跌落在相当大的程度上隔绝了视觉干扰和噪声污染，在喧嚣的都市环境中辟出一方相对宁静的天地。这样的广场不同于一般的地面广场，而是创造了较为单纯的民众化、生活化的城市环境，满足了城市居民对休闲环境气氛的要求。因此，下沉广场的建设应充分利用其独特的空间形态，布置一些公共设施，例如休闲座椅、小品等公共服务设施，让人们在下沉广场里感到舒适、踏实，并与它建立起难以割舍的感情，进而成为与城市居民日常生活息息相关的一部分。

### 5. 景观功能

城市景观是城市空间与物质实体的外在表现，是影响外部开放空间优劣的基本要素。下沉广场的景观往往构成了城市或区域的象征与标志，成为吸引人们进入下沉广场的最直接的影响因素。因此，下沉广场的景观设计应从下沉广场的功能空间形态构成入手，在结合自身空间形态特点的基础上，通过展现地方性的材质、展现历史文脉或反映时代气息等多种方式，创造既有独特的景观个性，又能满足人们各种交往活动需求的景观环境，为城市塑造一个充满生机的开放空间节点。巴黎列·阿莱广场中的大型雕塑构成了整个下沉广场的视觉中心，丰富了广场的景观环境，最终形成为列·阿莱下沉广场的城市地标。

### 6. 采光、通风等功能

如果说广场是城市的客厅，那么下沉式广场则可称之为地下城市的客厅，是地上与地下空间的过渡，下沉式广场也是改善地下空间环境的最有效途径之一。城市下沉广场作为地下空间与地上空间的过渡空间，即是地下公共空间的出入口。一方面，可以打破地下空间的封闭感，使置身于其中的人们可暂时摆脱地面上的人群和繁忙的交通，给人以恬静的亲切感；另一方面，由于地下空间缺乏天然光线，缺少外向景观，下沉广场作为地下空间的中庭，可以增加地下空间的采光和自然通风，消除幽闭感，使地下空间变得更加丰富多彩。同时，下沉广场作为地下空间的出入口空间具有缓解人们因进入地下而产生的不良心理反应。空间尺度的适当，设计装饰的亲切，光线过渡柔和的出入口，会使人忘记进入地下的意识，甚至成为上、下空间自然过渡十分有效的诱导空间。相反，直接用楼梯或坡道作为出入口的设计，可能助长人们进入地下空间的恐惧感、幽闭感和枯燥感。舒适的下沉广场空间，不仅强化了地上、地下空间的渗透和流通，也减弱和消除了地下空间在生理、心理等方面的不利影响，并在密集拥挤的城市空间里创造出相对安静宜人的小环境。因此，许多下沉广场总是伴随着城市地下空间的开发而建设的，对地下空间的发展起了重要的促进作用。

### 5.2.2.2　国内外下沉广场的类型

城市下沉广场不仅是城市广场在空间上的立体拓展，也是城市广场功能的扩展和补充，通过对地上空间和地下空间的竖向关系处理，下沉广场避免了空间生硬转换，达到了时间和空间的自然过渡，同时也有利于改善城市地下空间的环境和外向空间。因此，城市下沉广场的建设往往是结合城市地下空间的综合开发以及建筑外部空间处理与创造同步进行的。下沉广场并不仅仅起到一个交通空间的作用，而是在组织交通流线的基础上，附加一定量的商业、休闲、娱乐空间。本节对下沉广场的分类是根据其城市功能作用分为个体型和城市型两大类，个体型下沉广场功能较为单一，而城市型功能广场较为复杂，并担负着一定的功能，两者各有其独特的功能空间特色。

### 1. 个体型下沉广场

这种类型的下沉广场通常作为某一地下功能空间的出入口，或与大型建筑，特别是高层建筑的地下室相结合来处理建筑入口或建筑底部区域空间，面积不大，但是尺度宜人，非常吸引人的注意。它的主要特点就是在留有与地面与建筑地下空间连接的通道的同时，充分利用广场下沉自然形成的幽静、安逸的氛围，构成以商业服务或休闲娱乐为主要使用目的的场所空间；服务对象以大厦或相临地块内人员为主，服务范围较小，空间属性和所要承担的城市角色都简单、明确。正是由于其功能相对单一，较少其他行为的干扰，因此往往会获得独特的场所氛围。其不仅有效地改变了建筑的竖向生硬感和出入口空间的单调感，而且使下沉空间变得生动、活泼，增添了富有生气的人情味和吸引力。

20世纪70年代建成的纽约花旗中心位于繁华的曼哈顿地区，由一座高层办公楼、一座教堂、一座带有下沉内院的多层商店和一个下沉广场组成。由于基地小，为留出教堂和地面空间，一是主楼由四根摩天大柱托起七层，宝贵的透角部使外部空间显得不那么拥挤，二是向下发展，开发地下公共空间，设置了下沉广场和下沉庭园，广场在街道首层下3.6m，可直接通向地铁车站，广场、庭园内通过绿化、小品、桌椅布置等处理，使空间颇具吸引力，成为良好的公共活动场所。

2.城市型下沉广场

城市型下沉广场是由交通组织、文化活动、商业服务、休闲娱乐等要功能构成，下沉广场更多地表现为供市民交流活动的城市公共空间。它对于城市交通的组织、地上和地下空间的自然过渡、地下空间有效使用以及环境魅力的创造都具有重要的作用，是下沉广场未来发展的主流趋势。城市型下沉广场分为两大类。

（1）交通功能型。交通功能型下沉广场主要运用在客运站、市中心等人流集中，流线混杂，交通矛盾非常突出的地点，可以充分发挥下沉广场整合地上、地下空间，组织立体化交通的空间优势。

客运站由于行人和车辆都很集中，人流有进站、出站、候车、中转等几种，人数和流向都不相同；车流有公交车、专用客车、出租车、货车、自行车等，行驶路线和等级要求也不一样，交通流线非常复杂，如何解决由此产生的交通混乱和交通拥挤，正是客运站等处交通组织的主要目标。下沉式广场正是利用其下沉空间在客站前设置开敞或半开敞的地下人流疏散广场，连接出站地道，立体组织出站人流与上部各类横向人流，同时将下沉式广场、公共汽车月台或其他类型停车场相互之间彼此相连，从而避免或减少了不同使用类型的人员流线的交叉，而且使出站流程简捷通畅，减少了逆行和绕行，缓解了客运站等面临的交通压力，同时这种形式还具有不影响地面交通，不遮挡客观立面造型等优点。

无锡火车站广场改造前，除了整体形象缺乏大都市气息外，给人们印象最深的恐怕就是交通混乱。一方面是客流、车辆高度密集，一方面几乎所有道路却又面临机动车交汇、人车交织、非机动车交混的情况，偌大的广场广而无"场"，俨然一个停车场。无锡火车站广场改造的重点就是交通重组，通过实施"上进下出、立体交叉"方案。火车站站前交通已经大为改观。广场地上地下各有天地，"上进下出"，地上部分有绿地和休闲场地，最为精彩的是便捷、安全的地下空间，大量的人流集散、换乘在地下进行，独具特色。地下空间分别划分为东、西两个地下出站口和通道，三个可以互相贯通的、面积各约在2000m²的天井式下沉广场，地下上车点以及若干地下停车库和部分地下商业街。具体分布如下：在北广场的东、西侧，各规划一个天井式下沉广场，与火车站东西地下出口相通，两个下沉广场旁边各有一个露天公交车场，出站的旅客可通过自动扶梯从下沉广场上来坐公交车，或通过地下通道进入站前广场到客运中心。在南广场中旅大酒店西侧，规划一个天井式下沉广场，在中旅大酒店和下沉广场之间规划一个露天旅游停车场，出站旅客可通过自动扶梯从下沉广场出来坐旅游车或团体车，或通过运河边的出口到滨河景观带。出租车场地和社会车上车点规划于通惠路绿地地下，在通惠路上分别设进出口，乘车活动在地下完成。图5.5是在edushi网站上截取的无锡火车站广场立体图。

图 5.5　无锡火车站广场

　　市中心由于公共服务设施集中，带来了大量的人流，形成了人行与车行的交通拥挤及堵塞，干扰了市中心区的使用效率和商业步行氛围，因而可以利用下沉广场将人流引入地下空间，组织一定区域内的步行交通，减少人流和车流的混行与交叉。在国内外众多下沉广场的开发中，大多在地下空间中建造有大型地下综合体，利用下沉广场内的地下公共步行通道和各种出入口，将地面上的大量人流吸引到地下，各种线路的换乘也多在地下进行。同时与城市商业网点沟通，从而加强了下沉广场作为城市交通枢纽兼具地下商业中心的职能。我国的一些城市中心的立体化改造与建设，也日益趋于这种形式。

　　斯德哥尔摩市中心区广场的地面上，分为两个部分，东侧是一个椭圆形的交通岛（长轴 44m，短轴 40m），中间是一个直径为 30m 的大喷水池，池中央傲立一座由玻璃制成的多面、多棱体雕塑，因瑞典的玻璃制品闻名于世，这座雕塑成为国家和城市的一个象征，夜间用灯光照射，更为光彩夺目。广场东侧开辟了一个面积约 3500m² 的下沉式广场，行人可通过楼梯和自动扶梯从街道上、下到广场，周围都是商店和地铁站出入口，可将大量人流分散到地下空间中去。图 5.6 是塞格尔广场，它的再开发，是与整个中心区的再开发

图 5.6　斯德哥尔摩塞格尔广场

同时进行的。作为斯德哥尔摩的中心广场，交通得到比较彻底的改善，创造了现代的城市生活气氛，因此可以认为，对广场的立体化再开发是成功的，为大城市中心广场的改造提供了一个范例。

（2）复合功能型。它主要表现在对城市中心区地下空间综合开发的同时，通过下沉广场的建设，组织整个地下综合体的交通及功能空间，改善中心区的区域环境质量，有效发挥中心区综合开发的使用效果，对地下空间功能活力的提高以及防灾抗灾都具有重要的作用。下面通过对国内外几个实例加以说明。

上海静安寺广场：该项目根据地区的土地功能使用要求和城市设计研究，在用地范围内综合考虑了由上海地铁2号线在此设站带来的大量集散人流、公园绿地建设和开发投资平衡等问题，并最终将该地段设计成"生态、高效、立体型的下沉广场综合体"。整个项目包括下沉广场、地下商业设施、华山路地下预留通道及广场内的公共活动设施等。基地原有的商店和民房拆除后建成了绿地，它不仅与原来的静安公园连成一体，而且与隔街相望的静安寺形成开放空间的呼应，进一步加强了该地区的历史文化内涵和市民社会环境氛围。

巴黎列·阿莱广场：图5.7是法国巴黎市中心的列·阿莱广场，该地区原来是一个农、副产品贸易中心，1962年决定对这一地区实行彻底的改造和更新。通过立体化的再开发，把一个地面上简单的贸易中心，改造成一个多功能的公共活动广场。

图5.7　法国巴黎列·阿莱广场

列·阿莱广场充分利用了地下空间，将交通、商业、文娱、体育等多种功能安排在广场的地下空间中，地下共4层，总建筑面积超过22.4万 $m^2$，共有200多家商店，每日吸引顾客15万人。使通过市中心新区的多种交通系统都转入地下，并在综合体内实现换乘。广场上设计了一个面积约3000$m^2$，深13.5m的下沉式广场，作为地下商业空间的主入口。周围环绕玻璃走廊，把商场部分的地下空间与地面空间沟通起来，减轻了地下空间的封闭感，通过宽大的阶梯和自动扶梯，人们很方便地进入下沉广场，同时下沉广场偏于一边，也保证了地面广场空间的完整性。同时下沉广场的设计与开阔的绿化地带共同把周围历史性建筑精美丰富的轮廓线有力地烘托出来了，新增加的建筑在表现自身的时代感和性格的同时，充分体现了对周围老建筑的尊重。列·阿莱广场具体开发情况见表5.1。

表 5.1　　　　　　　　　　　　列·阿莱广场具体开发情况一览表

| 内　容 | 面积（m²） | 总开发率（%） | 所在层位（地下） | 备　注 |
|---|---|---|---|---|
| 汽车、火车、地铁的线路与车站 | 52000 | 23.20 | 二、三、四 | 高速地铁 2 号线在二层，市郊高铁在四层 |
| 高速公路和步行道路 | 31000 | 13.80 | 二、三 | 其中步行道约 16000m |
| 停车库 | 80000 | 35.70 | 一、二、三、四 | 每区一个，总容量 3000 台 |
| 商场、商店、饮食店 | 43000 | 19.20 | 二、三、四 | 主要在二、三层 |
| 文娱、体育设施 | 12000 | 5.40 | 一 | |
| 下沉广场 | 6000 | 2.50 | 三 | 广场贯通三层 |

## 5.2.3　城市下沉广场规划设计

我国下沉广场的建设现在仍处于发展初期，从广场的功能作用上来说，还主要以解决交通功能为主，公共活动功能在多数情况下仍属于下沉广场的附属功能，因此还无法真正成为富有魅力的现代城市生活的场所空间。虽然还存在着许多不足与缺陷，但随着社会经济和城市地下空间开发的快速发展，下沉广场必将得到广泛的运用和实践。结合城市下沉广场功能空间的要求，我们有理由认为城市下沉广场设计应坚持的两条基本原则是：

（1）整体设计的原则。下沉广场作为城市的节点空间，担负着整合城市公共空间的责任。因此，在设计中应坚持以城市功能空间的整体性作为设计的出发点：一方面，在下沉广场的社会功能设计上，应综合考虑城市或区域的功能环境以及地下空间的功能特色，以此为基础塑造下沉广场的主要社会功能，从而形成功能完善、环境气氛融合的城市功能体系，提高城市空间的综合使用效率；另一方面，在下沉广场的空间形态设计上，应在系统分析、研究城市地上和地下空间形态特征的基础上，将下沉广场空间作为城市空间与地下空间的过渡转换空间进行空间形态的设计，以形成结构完整、空间特色鲜明的城市地上、地下空间序列，最终达到城市功能空间整体性设计的目标。

（2）"以人为本"的原则。下沉广场作为城市广场的一种，是城市居民进行各种社会交往活动和休闲娱乐的场所空间，应既要满足人们的物质、文化需要，同时满足人们对交往空间的各种生理和心理上的需求，从而提高公众进入下沉广场并参与其中活动的积极性与主动性。因此，在下沉广场的设计上，我们应本着功能多元化、空间特色化和景观休闲化的设计原则进行下沉广场功能空间形态的塑造，为公众提供丰富多彩、富有人性化的社交休闲场所，最终实现"以人为本"的城市设计目标。

### 5.2.3.1　城市下沉广场规划设计要点

城市下沉广场空间的开发建设是对城市公共空间与建筑外部空间积极的改造活动，对于城市功能的有效发挥起到了重要的活化复兴作用。它的建设往往与城市地下空间的综合开发以及大型建筑的外部空间创造同步进行，在功能意义上具有协作性与互补性。因此，对于城市下沉广场建设的规划与设计，应对城市上、下空间层面间的交互容量与环境容量进行科学的分析和预测，在城市总体规划的基础上确定其建设的位置、规模和内容，创造出良好的空间环境形象，结合地下空间的综合开发建设、城市交通改造以及地面空间建设的规划分期或同步实施。

(1) 规划与交通的要求。城市下沉广场的规划设计应依据城市总体规划的要求，对城市的区域交通容量、空间容量进行科学的分析与预测，针对其周围的环境与地形特征，因地制宜地确定其位置、规模和内容，解决区域性的交通流线组织问题，做到人、车分流，空间立体分流，并保证其顺畅的可达性和注目的引导性。如斯德哥尔摩的塞格广场和巴黎的列·阿莱广场，其下沉广场与地面步行道直接用很宽的大台阶相连，同时还配备有自动扶梯，使人们能很方便地出入下沉广场。另外还应对城市静态交通的问题有所考虑。使其成为城市系统运转的活化点。

(2) 更新与发展的要求。随着城市地下空间的不断开发、城市地下交通系统的拓展以及社会文化活动的丰富，必将对现有城市下沉广场赋予新的功能要求。因此，城市下沉广场的规划设计应考虑到发展的新需要，既进行充分的规划与开发。又考虑到将来开放性发展应变的可能性。近期可有效地解决突出的城市问题（交通、基础设施、公共服务等），远期可与城市地下商业街、地铁、人防及大型建筑地下系统联网，形成多种功能活动的交汇点。

(3) 空间与环境的要求。城市下沉广场的空间环境形象对城市景观影响很大，它不仅为人们提供了一种生活的空间环境，而且在精神上影响着活动在这个环境中的每一个人。对于城市下沉广场的空间设计，应处理好空间界面的形状、尺度和比例，保证下沉广场的空间尺度与周围环境尺度相宜，并解决好空间的功能分区和融合流通。对于下沉广场的环境设计，应考虑到自然美与艺术美的结合，绿化、水池、踏步、小品、雕塑和标志等设计都是创造优美空间环境的要素，创造特色广场的设计也是空间环境设计的重要内容。

(4) 文化与服务的要求。在城市下沉广场空间的规划设计中，不仅只是为人们提供一个公共的场所，更应考虑到其使用的经济效益和社会效益，结合城市基础服务设施，增加商业服务、文化娱乐、休息交际等的内容，设计出较具吸引力的公共活动场所，充分发挥下沉广场的功效，满足人们的文化生活需要。如纽约洛克菲勒中心广场，在冬天它是人们溜冰的场所，其他季节作为人们餐饮、休憩的好去处。

(5) 防灾与管理的要求。城市下沉广场空间的规划设计，应考虑到防止空气污染、去污排水等技术问题的解决。在加强管理的前提下，应减少易发犯罪的隐蔽区域，夜间应考虑灯光设计，保证社会活动的正常秩序。

### 5.2.3.2 城市下沉广场空间设计

#### 1. 空间构成

城市下沉广场空间在功能上由交通空间和商业服务空间及其他空间构成，交通空间的内容包括踏步、自动扶梯、通道、集散出入口等，商业服务空间包括商业、休息、娱乐、饮食等服务内容，其他空间包括绿地、树木、水池、小品、雕塑等内容，图5.8是下沉广场的构成内容示意图。

交通和商业服务是城市下沉广场的主要使用功能，其中交通功能往往是下沉式广场空间使用的主导，商业服务处于辅助地位，发达的交通可促进商业服务的繁荣，商业服务的发展又会对交通提出更高的要求。随着社会文化生活的丰富，商业服务的需求越来越大，

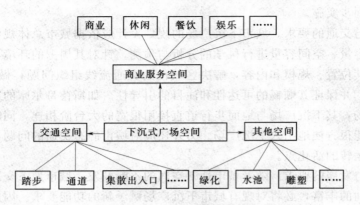

图 5.8 下沉广场构成内容

有的已成为下沉式广场的主导功能，绿化、水池、雕塑等景象空间的融入，在人们的生理和心理上产生了很大的影响，也越来越成为下沉式广场的主要内容。三者的共同作用，使城市下沉广场呈现出丰富多样的城市功能特性。

空间的构成比例应适度，如果不适当地扩大商业服务空间的比重，势必减少交通面积，很可能由于商业服务对客流的吸引，加剧交通问题，而绿化、水池、小品等景象空间的缺乏，则使整个空间显得单调乏味。因此在空间的设计上应考虑到三者之间的弹性分配。

**2. 空间设计**

（1）空间的组织布置。城市下沉广场在城市空间中的总体布置方式主要有三种类型：轴线对称布置型、自由组合布置型和混合型。轴线对称布置型是下沉式广场的空间平面形式按照城市或建筑的某一轴线对称布置。这种布置方式比较强调下沉式广场与城市或者周围建筑群的组织关系，往往体现出下沉式广场的重要性。自由组合布置型是下沉式广场的空间平面形式采用与周围环境或建筑外部空间结合的一种自由组合布置方式。这种布置方式自由活泼，具有较强的吸引力。混合型是以上两者的结合，既有轴线对称的含义，又有自由变化的意韵。

城市下沉广场的交通空间与商业服务空间的组织布置方式可分为三种：一是直通式，在这种方式中，交通功能占主要地位，商业服务布置在主要交通空间一侧，通道明显，导向性强。二是围绕式：这种方式中商业服务空间占主要地位，交通空间围绕其周围布置，空间向心性强，有较强的吸引力。三是复合式，这种方式中交通空间和商业服务空间相互融合，组合布置的界面分划较具弹性，既可作为交通功能使用，又兼具休闲活动的功能，具有一定的灵活性。

（2）空间的围合。城市下沉广场空间的基本要求是相对的封闭，只有广场各个界面具有一定封闭感的围合，才能使人的注意力集中在空间中，并给人们以整体感。在城市下沉广场空间的设计中，广场的界面围合应保持良好的比例和尺度，包括面积的大小、深度与长度之比例等。如果比例不适当，过深时容易造成天井的感觉，过浅则可能缺少围合感。

资料显示，当下沉式广场的界面高度约等于人与界面的距离时（1：1），水平视线与界面上沿夹角为 45°，大于向前的视野的最大角 30°，因此有很好的封闭感。当界面高度等于人与界面距离的1/2时（1：1.7），和人的视野30°角一致，这是人的注意力开始涣散的界线，是创造封闭感的低限。当界面高度等于人与界面距离的1/3时（1：3），水平视线与界面上沿夹角为18°，就没有封闭感。当界面高度等于人与界面距离的1/4时（1：4），水平视线与界面上沿夹角为14°，空间的容积特征便消失，空间周围的界面已如同是平面的边缘，图5.9是下沉广场的空间与视角的具体图示。

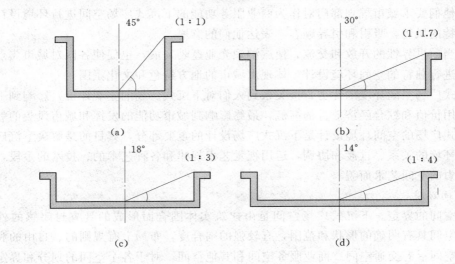

图 5.9  广场空间与视角

因此，在下沉式广场的空间设计中，其空间体积的大小应与周围环境的空间尺度保持良好的比例，上部空间与下沉空间过渡空间尺度不宜过大，界面的处理在空间上应保证一定的围合度，使下沉式空间更具内在吸引力。

### 5.2.3.3  城市下沉广场环境设计

良好的城市空间环境反映出一个城市特有的景观和面貌，表现了城市的气质和性格，体现出市民的文明、礼貌、向上的精神风采，同时也显示出城市的经济实力、商业的繁荣、文化和科技事业的发达。城市下沉广场作为城市空间的一部分，其空间环境的设计对城市景观与风貌的形成和创造产生了很大的影响，它的形象优劣将给人们留下深刻的印象。当今许多发达国家都非常重视城市下沉广场的空间环境设计，往往将它作为城市建设和风貌设计的重要内容，这主要是因为以下五点。

（1）今日城市的繁荣已不再依赖传统制造业和体力劳动业，智力和科技工业正以空前高速排挤和取代它们，成为城市经济发展的新支柱。城市人口构成发生了质的变化，通过大分化重新组合成新人群而主宰着城市发展。他们是一个文化水平高，技术、艺术造诣深厚的广阔市民层。下沉式广场作为城市公共活动场所，越来越影响到他们的社会生活，因而他们对下沉广场空间环境的质量有很高的要求。

（2）经济结构的变革，正从旧体系转变为"信息化"体系，高科技的产生不断促进城市基础设施的更替。当代经济增长往往依赖于发达城市交通体系的快速传递，地下铁路缓解了地面空间的不足，为人们提供了高速、便捷的交通网络，它的效能发挥需要空间环境高质量的配合，需要作为入口的下沉式空间环境的良好设计。

（3）经济发展的多元化，促使城市空间结构的改变。地面空间的高度集约化和地下空间的广泛拓展，使得自然绿带逐渐减少，自然景观日趋消失，人们对提高生存环境质量的要求增强，保护生态环境已成为全体市民的共同意识。

（4）商业和服务业为了适应城市的变化，也从旧的封闭型单一店铺经营方式，开创了大空间开放型、光亮而卫生的室外购物形式，这些商店的业主有较高的文化水平，精于商业之道，他们要求城市规划部门对作为商业服务功能的下沉式广场空间进行环境设计，能反映出独特的风貌，吸引和引导顾客，表达他们的意愿。

（5）当前世界性的开放和交流，使旅游观光业蓬勃发展，也促使各国对城市焦点的下沉式广场进行独特的空间环境设计，体现出城市的地方特色和文化氛围。

下沉式广场空间环境的优劣直接关系到人们对下沉式广场的主观评价，影响到下沉式广场的使用价值和综合经济效益的高低，最终影响到城市功能的发挥和城市风貌的魅力。

下沉式广场的空间环境设计是下沉式广场设计的重要部分，其目的是解决下沉广场与周围空间环境的关系、过渡和协调，运用视觉艺术规律和各种艺术的、技术的手段，创造出富有魅力的空间艺术面貌。

**1. 空间环境**

（1）空间的界定。下沉式广场空间是由建筑实体围合而形成的具有封闭感的外部空间，这种空间具有明确的形状和范围，有较强的围合度，布局上有规则的、自由的和两者混合的。空间上有交通空间、商业服务空间和其他空间，对于各个空间的划分和界定，除四周实体的空间界定以外，主要通过地面处理（底界面）引起空间感，因此对于地面的铺装处理、绿化布置以及地坪标高的变化，应认真对待，精心处理。

（2）空间的对比与变化。利用空间在大与小、高与低、开敞与封闭以及不同形状之间的显著差异进行对比，可以破除单调而求得变化。在下沉式广场的大空间四周布置些较封闭的小空间作为商业服务之用，可避免空间的简单围合，界面形状的改变和光影响的明暗对比可增加下沉式广场空间的生动变化。

（3）空间的渗透与层次。空间通过分隔与联系的处理，可以使若干空间互相渗透，从而丰富空间层次变化，在下沉广场的空间处理中，可以运用挑檐、柱廊和建筑小品等引导性设计，使地下空间与广场空间之间增加灰空间的过渡，既有空间的自然渗透，又富有空间的层次。在下沉广场的入口处理上，也可以运用建筑标志小品的设置来增加空间的过渡层次，使下沉广场与地面周围环境既有空间的分隔，又有景观的层次，互作衬景，加强了空间的吸引力和导向性。

**2. 建筑环境**

（1）地坪的变化。地坪高低的变化能创造出特殊的环境意境。降低建筑物前广场的标高，可以下降人的视点而显示出建筑物的高大。采用地坪标高的变化也是划分区域、限定空间场所的手法。因地制宜地利用环境地形，是下沉式广场空间环境设计的重要方法。

（2）踏步。下沉式空间与地面空间的过渡是通过踏步来实现的，在环境设计中，踏步的设计十分重要。结合自然地形地貌特征和光影朝向，自由灵活地设置踏步，能够达到庄重雄伟、亲切细腻、曲折幽静的不同气氛。踏步与路面的衔接，踏步的铺面材料与色彩，踏步的尺度与转折、平台、栏杆，踏步两旁陪衬的绿化等，都能作出新颖的构思。踏步是在环境设计中引深空间的先导，人们进入下沉空间之前，首先接触到的便是踏步。

（3）墙。墙是围合和界定空间的重要建筑要素，墙的围合与分割，以及墙与门洞、门廊、挑檐等有着多种多样的组合。在下沉空间的环境设计中，应避免四周过多的单调墙面表露，尽可能采用墙的界面围合作用，分与合，围与透，既可作山石植物的衬托，又可与铺地叠石、水瀑相辉映，在墙的围合空间内创造出人与自然接近的幽静小天地，避开外界的干扰。

（4）入口。下沉广场的入口布置是组织各种流线的首要问题，起着重要的控制全局的作用。入口布置得当，则下沉空间内部的流线自然而通畅。通达入口的方向要明确，同时入口的位置与外形需要加以强调，使之引人注目。在建筑环境处理上，可以运用围墙、标志以及建筑小品处理来强化入口的引导性，达到区别环境和醒目易见的目的。

（5）铺面。铺面是下沉式广场重要的观赏面，往往体现出广场空间的独特个性，因此对铺面的选材和布置应认真对待。铺面材料的色彩、图案、质感伴随着人的行走路线所处的空间环境应有所变化。在不同的环境中巧妙地组织步移景异，注意行进中的视感、质感和光感，达到使人在步行之中获得行为与心理方面的综合感受，有时在铺面形式上还可以布置导向图案，以组织和引导游人转换方向，通达目标。

3. 审美环境

（1）比例。和谐的比例可以给人带来美感，古典主义美的比例被称为"黄金分割"，即 $1:1.618$，这种比例在视觉上最容易辨认，因而是美的。比例表现为整体或局部长短、高低、宽窄等相对关系，不涉及具体尺寸。比例和尺度均有密切的关系，并与建筑中的其他要素，如材料、结构、文化传统等也互有影响。

（2）尺度。尺度和比例有关，但尺度涉及具体的尺寸，尺度不是尺寸，它是建筑对尺寸内在要求的外在表现。在实践中应考虑如何使下沉广场的建筑形象正确地反映其真实大小，避免大而不见其大，小而不见其小的现象，即失去了应有的尺度感。对建筑真实大小的判断的唯一标准是人体，所谓尺度即建筑的大小与人体的大小的相对关系，设计师运用尺度的原理，可以创造出高大雄伟的、精巧亲切的、粗壮或细弱等不同尺度感的建筑。

（3）几何构图。建筑形式美的规律能给人带来美的感受，下沉广场空间形式的几何构图体现了形式美的法则。下沉式广场是由墙体、围栏、踏步、铺地等许多构成要素组成的，其大小、形状、比例、色彩和质感都与其几何构图形式有密切的关系。正方形、圆形、三角形等肯定的几何形态具有抽象的一致性，是统一和完整的象征。许多优秀的下沉广场平面、空间和细部处理，均以几何构图为依据，达到完整统一，在观赏者的心理情绪上产生美的感受。

（4）衬托。衬托是构图规律诸多手法中所必须借助的手法，是一种图形和背景的关系，衬托所表现的简洁明确的效果是由图形与背景相互作用而产生的，或者产生模棱两可的效果，不同的图形和背景的关系留给观赏者不同的感受。例如用调和衬托出对比，用微差衬托出主导。勒·柯布西耶有句名言，当你要画白色时去拿你的黑笔，当你要画黑色时去拿你的白笔，这就是衬托方法的运用。

（5）主从。一切构图要素所组成的各个部分都存在着主和从的关系，重点和一般，核心与外围的差异。在下沉广场的空间内容组织上，必须安排好主从关系。有主导的存在才有整体的统一。在整体中，最富于吸引力的部分即构图中的主导部分。在环境构图中有线形的主导、色调的主导、质感的主导、形状的主导、大小和方向的主导。主导部分往往是广场的形象和性格的代表，例如纽约洛克菲勒下沉广场中的雕塑，既是广场形象的标志，也是最富吸引力的中心焦点。

4．心理环境

（1）趣味。趣味是生活中美的事物，是人对美的一种内在体会，也是人对美感的追求需要。环境设计的结果就是把各种事物巧妙地组织起来，通过表象的形式产生出人对美的心理感受和共鸣。下沉式广场空间的环境设计可运用自然和人工的环境要素来组织，结合商业服务的需要，创造一些富有趣味的空间环境，满足市民的审美要求。

（2）愉悦。愉悦是发自内心的一种喜悦，是一种心情的愉快之美，既不是趣味，也不是欢乐。例如，亲切幽雅的园林布置，绿树、流水、花卉等景致，能够唤起人的愉悦感。大自然具有唤起愉悦感的强大感染力，建筑设计的人为环境要从属于大自然，保护和增加大自然之中的这种愉悦之美。

（3）轻松。工作劳动之余，人们需要有轻松休息的环境，这种轻松的环境要求可观、可游、可憩、可餐的各式各样有趣味的场所。创造能使人轻松舒适的环境，使人不知不觉地得到充分休息，领略轻松自得的情趣，并且根据自己美的理想引申而自得其所。在人为的环境中，要创造使观赏者获得轻松自在的场所，寻求轻松休息的美，使紧张的身心得到松弛。

（4）安全。安全感是人们在心理感觉上的安全可靠性，在下沉广场空间环境设计中，由于高差的变化，应考虑到人的安全需要，考虑到人需要有安定的心情，觉得安稳、平安、没有危险。如围栏的高度和形式，人行道上的行人安全线，安全照明等，并结合环境美的要素进行安全设计。

（5）隐喻。隐喻是当代建筑空间环境设计中重要的设计手法，它使建筑所具有的内涵能力得到发挥，唤醒人们对建筑的文化历史意义的反思，重新赋予建筑艺术以文化历史传统的生命力，更能形成特定的环境气氛与感染力。隐喻是聚类性内涵的表现符号，它唤起人们的联想和美感。

5．文化艺术环境

（1）传统。无论在什么年代，传统的课题是没有时代限制的，它是人们追求历史性的、高于艺术的环境美。下沉式广场的环境设计中，可依据当地的传统风格和人文风俗来处理建筑的形式、空间的功能使用以及环境的装饰美化等，使下沉广场不仅具有功能性的传统，也成为当地传统文化风情的反映。

（2）雕塑。雕塑艺术品在环境中赋予人们感受和联想，成功的雕塑作品在人为环境中有强大的感染力。雕塑类型分为纪念性、象征性、抽象性以及装饰性。在下沉广场空间环境中，雕塑往往处于十分重要的位置，如洛克菲勒下沉广场雕塑、芝加哥第一国家银行广场雕塑墙。雕塑增加了环境意境的表现力，是环境景观中重要的设计要素。

（3）装饰。人们都渴望美化他们的环境。在建筑的边角处、材料的交接处以及需要强调部位都可以加以装饰。装饰起到烘托主题、显示边界和重复构图的作用。而装饰图案本身又往往是民间艺术经过抽象提炼的美的符号，恰当的装饰位置和高质量装饰图案是美化环境的重要手段。在下沉式广场的美化环境处理中，不仅可利用细部装饰，还可考虑运用浮雕、壁饰的艺术手法来强化装饰效果。

（4）小品。小品是指一种功能简明、体量小巧、造型别致、并带有一定意境的环境装饰艺术品。其主要构成要素有：形态、色彩、质地、机理、体量、高度、材料和机能等。在环境设计中，可以运用小品的设置来美化环境，丰富景观，使城市生活具有活泼的生机和亲切感。小品的设置应注意要适应空间环境的秩序，积极主动地参与空间构成。

6. 自然环境

（1）自然。人类与自然共生，热爱大自然、依附于大自然乃人类之本性，不论从生理上，还是心理上，人们都愿意接近大自然。"尊重自然，研究自然，模仿自然"是设计师设计的宗旨。在处理建筑空间自然环境时，如何把建筑与自然沟通起来，是设计师重要的设计任务。建筑师应对自然作必要的选择和加工，加深对自然与生活的感受和理解。只有经过建筑师理解和处理之后，改造的自然才更趋于完美。

（2）绿化。绿色植物不仅仅是用作美化环境的手段，同时还兼有多种用途，如遮阳、隔音、清洁空气等。用植物绿化来分隔与联系空间，可起到保护环境、隐蔽或导引方向的作用，有时还可以用大树或代表某种含义的植物作特殊的标志。绿色植物材料用作陪衬建筑的装饰时也有各种各样的用途，可以辅助建筑群体形成用植物围合的空间；也可以用绿化矮树作道路或踏步两旁的装饰；还可以把绿化延伸到室内形成室内环境的一部分；或用绿化藤架作为室外小空间上的界面限定，以及结合遮阳等小品，造成一种人为与天然环境之间的过渡。

（3）景水。景水的处理是把无形的水赋予人为的美的形式，唤起人们各种各样的感情和联想。景水处理具有独特的环境效应，可活跃空间气氛，增加空间的连贯性和趣味性，利用水体倒影、光影变幻产生出各种艺术效果。在功能上，景水可调节环境的小气候，净化空气。景水设置方式有：盈、淋、喷、泻、雾、漫、流、滴、注、涌等。

（4）景石。以石材或仿石材料布置成自然山石景观的造景手法称为景石。在空间环境设计时，可利用地形的高差变化，结合水瀑、喷泉、绿化、踏步等造景自然因素，创造出富有情趣的自然景观。

7. 动态环境

（1）动态。在进行交往和娱乐的城市公共空间中，都需要创造一种动态的环境气氛，而人在空间中的流动是形成动态环境的重要因素，在下沉广场动态环境设计中，需将人的活动组织和娱乐游戏合理安排、顺理成章，使人在其中感到愉快、舒适，又感到方便而有趣味，形成一个理想的"人看人"氛围。除了由人产生的动态外，还包含其他产生动态的因素，以及使人产生动感的因素，例如曲线的造型对人更具吸引力和动感，喷水池、活动雕塑以及自动扶梯等，都可为空间增添动态趣味。

（2）活力。活力是力的表现，直率的活力表现的环境景观生动有趣。活力应是具有倾向性的张力，在环境中体现出一种对人愉悦情绪的激发。在环境设计中往往是运用具有动感的环境要素来创造的，图 5.10 是纽约洛克菲勒中心的下沉式广场，悬浮着的飞人雕塑，在流水幕墙的衬托下充满飞跃的活力感。

图 5.10　洛克菲勒中心的下沉式广场

（3）水的动态。水的美不在自然水本身，而表现在自然的流动、自然的运动，在于人的主观意识，人赋予水以生命，以幻想。在动态环境设计中，水面设计和处理是十分重要的，流动的水、喷水、水幕、水瀑等都是动态水的表现形式。下沉式广场动态水的融入，使空间环境更显得生动有趣。

（4）光影。光影是自然光随着时间、气候的变化而产生动态的。在环境设计中，应考虑到光源的方向，使影子能够围绕物体创造出三维空间来。运用阴影的明暗对比能够显现层次，并把层次在知觉深度中的作用呈现出来。例如日本新宿太阳广场中光影的动态创造。

8. 微观环境

（1）座椅。在下沉式广场空间环境中，座椅的作用是显而易见的，而座椅的形式与摆设应与使用功能和内容结合，精心处理。对于休闲空间，座椅往往处理成造型简洁而色彩明快的形式，这有利于创造出一种轻松休闲的气氛，使人产生出一种对座椅的支配感，体会出随意的愉悦心境。

（2）遮阳。遮阳是一种重要的功能性小品，它不仅遮挡阳光直射，也作为休息空间的界面的限定，起到了重要围合空间的作用。在环境处理中，它可以设计出多种多样的艺术形式，是环境中重要的景观小品。

（3）标志。标志是建筑环境中直接和人的联想有关的极为有用的手段，在环境设计中把标志运用得好，能够提供一种隐喻的力量。标志不是随意性符号，而是要陈述某种特定的含义。它在环境中有重要的景观功能，也是美化环境的要素。在城市环境中许多重要的部位都需要优良的标志设计。

（4）观赏细部。审美与欣赏活动本质上是感性与理性统一的复杂心理活动，欣赏者根据自己的生活经验、文化素养对细部观赏，构成审美意象。对建筑环境细部的审美趣味和鉴赏力虽有不同，但可以提高观赏者的建筑知识，观赏者的爱好又可以促进设计师改善建筑细部设计。建筑细部观赏的核心是对观赏对象的了解、感觉、认识、感情、经验、趣味、观点等。观赏者要调动过去的表象积累，以丰富、完善对象的形象。观赏环境细部有时是无意想象和不自觉产生的，而有意想象则是自觉展开的想象。在人为的环境中要创造出可供观赏的细部。

### 9. 光和声环境

（1）阳光。阳光对于环境景观至关重要，朝南的阳光地段非常宝贵。人类离不开晒太阳的环境，阳光、空气和水是地球表面生物生存的条件，太阳的运转支配着人和动植物的生理循环。在下沉广场光环境设计时，应考虑到入口的朝向、踏步的位置、四周界面的建筑形式处理、地面的铺面材料以及植物绿化的布置，使得低于地面的下沉空间依然阳光明媚、生机盎然。

（2）照明。照明主要是夜景照明，表现建筑夜间景观的室外照明技术，多用于公共活动区域、雕塑和喷水池等处。它是建筑艺术和环境综合处理的一种手法，具有装饰和美化环境的作用。照明手法一般包括光的隐现、抑扬、明暗、韵律、融合、流动与色彩的配合等。良好的夜间景观可使下沉式广场的功能活动更加有诱人的魅力。

（3）声音。听音乐是人们重要的精神休息，人类具有对音乐的天然感情。在下沉广场设计中，设计者往往辟出一块区域作为音乐演出，经常利用表演的形式吸引市民，使下沉广场的活动内容丰富多彩，在环境设计中还应避免噪声的干扰，避免有害声对休息环境的破坏，这也是环境声学的研究目的。

### 5.2.3.4 城市下沉广场设计的技术对策

城市下沉广场在城市功能的发挥、城市的交通联系、城市公共空间的创造以及城市风貌景观的形成等方面都起到了积极的作用，成为独具特色的城市节点。由于下沉广场下沉于地面标高以下，在使用上会遇到一些不利因素的影响，主要是经常受到地下水的渗透和地面水的顺流聚集，因此对于它的防水、排水技术处理十分重要。随着社会文明的进步，人口结构和社会发展的变化，残疾人和老年人越来越受到社会的关注和帮助，它要求城市建设不应仅以健康成年人为标准，还应考虑占总人口相当比例的老年人和残疾人的需要。因此，无障碍设计也是城市下沉广场设计的一个重要内容。

### 1. 无障碍设计

建筑设计中的无障碍设计主要是为残疾人、老年人等行动不便者创造正常生活和参与社会活动的便利条件，消除人为环境中不利于行动不便者的各种障碍，使全体成员都有建树的机会，并共享社会发展成果。

由于下沉广场主要是高差变化引起的不便与障碍，因此对于下沉广场应主要在出入口、踏步和坡道等处考虑方便残疾人和老年人的设计措施。特别对于有着交通联系使用功能的下沉广场更应考虑无障碍设计。

（1）出入口设计对策。加大标志图形，加强光照，有效利用反差，强化视觉信息。

地面材料平整、坚固、防滑、不积水、无缝隙及大孔洞。

（2）踏步和坡道设计对策。坡度尽可能平缓，扶手坚固耐用，踏步尺度合适，构造合理，踏面防滑。

楼梯梯段宜采用直行方式，不宜采用弧形梯段。

便于弱视人通过的楼梯，须考虑运用强烈的色彩反差，提高视觉效果，设置导盲板，增加通行安全度。

对于有电梯和自动扶梯的下沉广场，电梯的位置宜靠近出入口，候梯厅面积应满足要求。自动扶梯的扶手端部外，应留有轮椅停留和回转空间以及安装轮椅标志。

（3）标志。图 5.11 是残疾人国际通用标志，为 100mm 至 450mm 的正方形，黑色轮椅图案，白色衬底或相反，是国际康复协会制定的，不得随意更改。标志牌位置要显著醒目，高度要适中，它告知残疾人可以通行、进入和使用有关设施。在标志牌加文字或者指引方向时，颜色要与衬底形成鲜明对比。

图 5.11　残疾人国际通用标志

（4）防水、排水。防水，阻止土壤中液态物质进入下沉广场内部的综合措施称为防水。防水工作具有较强的综合性，与地形、气候、地质条件、水文条件、结构形式、施工方法、防水材料的性能和供应情况等都有较密切的关系，因此应针对地下水和其他各种水源、湿源的特点，根据现场的具体条件，确定综合的防水方法。

防水措施主要有隔水、排水、堵水三种。

隔水法：利用不透水材料或弱透水材料，将地下水隔绝在下沉空间之外。

排水法：是将水在渗透入下沉空间之前加以疏导和排除，包括地表水的排除、人工降低地下水位和将水引入下沉空间后再有组织地排走等几种做法。

堵水法：向岩（土）体中注入防水材料，堵塞水流通而形成一个隔水层，是一种堵水措施，也称注浆止水。

排水，将下沉广场内部地表雨水顺利排出的综合措施称为排水。由于广场地面下沉设计，雨水顺势而下，往往造成雨水聚集，影响使用。因此，排水处理势在必行。

排水措施一般分为明沟排水和暗管排水两种形式，当广场地面具有交通功能时，可选择暗管排水；而在墙壁四周下部不影响交通处，可选择明沟。另外，当地面地坪高于地下水位或城市排水管网标高，可利用其重力自然排出，或者部分利用绿地自然下渗；当地面地坪低于地下水位或城市排水管网标高，应设计集水井，利用水泵将其排出。

排水设置的位置是十分重要的。出入口设置排水管可防止地面雨水进入下沉广场，与地下空间之间设置排水管可防止雨水进入地下室内房间，四周墙体下设置排水管可将顺墙而下的雨水就近排出。另外，广场地面应有一定的坡度，以利于排水。

对于下沉广场的排水设计，应因地制宜，因势疏导，结合环境艺术设计，既隐蔽又实用，使得下沉广场的功能使用得到充分的发挥。

# 第6章 城市居住区地下空间规划与设计

## 6.1 城市居住区的建设及发展趋势

### 6.1.1 城市居住区的建设

城市是人类集中的生活居住地域，是一种现代的人居环境形式。在一个城市中，生活居住用地的比重一般占到城市建设总用地的 40%～50%，居住建筑的建筑面积约为各类建筑面积总和的一半。居住区是城市中在空间上相对独立的各种类型和各种规模的生活居住用地的统称，它包括居住区、居住小区、居住组团、住宅街坊和住宅群落等。居住区的组成不仅仅是住宅和与其相关的道路、绿地，还包括与该居住区居民日常生活相关的商业、服务、教育、活动、场地和管理等内容，这些内容在空间分布上可能位于该居住区的空间范围内，也可能位于该居住区的空间范围之外。

居住区同时还是一个社会学意义上的社区。它包含了居民相互间的邻里关系、价值观念和道德准则等维系个人发展和社会稳定繁荣的内容。因此，居住区的构成既应该考虑其物质组成的部分，也应充分关注其非物质的内容。城市化的进展和城市人口的增加使得对城市住房的需求量日益增长，同时随着经济的发展，原有居民的居住条件和生活环境需要不断得到改善，这些都构成了对城市用地的巨大压力。

城市的发展一般表现为人口的增长、规模的扩大、经济实力的增强、基础设施的完善和居民生活质量的提高。所有这些都意味着城市空间容量的扩大，集中反映在城市用地需求量的增长，其中生活居住用地的需求量占有相当大的比重。人均居住面积是世界上反映居住水平的最常用指标，与国民经济的发展水平密切相关。居住建筑的增多，使与之配套的公共建筑相应增加，是生活居住用地需求量增长的另一个原因。公共建筑用地规模在一定程度上反映居住区物质和文化生活的现代化水平，因此应与居住建筑保持适当的比例。居住区的交通用地包括道路、广场、停车场等，居住水平的提高使这部分用地也相应增多。根据国家规定的指标，居住区的公共绿地面积不少于 $1.5m^2$/人。

我国土地资源与城市发展用地在数量上存在巨大差距，已经到了城市用地不应再占用可耕地的程度。因此，除少数新设的城市外，原有的数百个城市的今后发展，都只应在过去已经划定的城市范围内实现，不能进一步占用原行政区划以外的可耕地。即使在原规划区以内，除去建成区和山地、荒地、林带、河、湖、村镇，所余的农田和菜地也是有限的，过多的占用对城市经济的发展和生活水平的提高是不利的。

在城市土地资源紧缺的情况下，为了使生活居住用地仍能有合理的增长，一般可以采取调控城市用地结构和适当提高居住区建筑密度等措施。城市用地结构是指各种城市用地之间的合理比例关系。城市建设用地在城市总用地中所占比重较小，但在城市建设内部各种用地之间，仍应保持适当的比例，才有利于城市在各方面的协调发展。居住区建筑密度通常用居住建筑面积毛密度表示，这个指标是在考虑环境质量与合理提高土地利用率的前提下确定的。居住建筑面积毛密度指标直接影响到居住区用地的多少，而影响毛密度值的主要因素是居住建筑平均层数、建筑间距和公共绿地、广场等的面积，其中建筑平均层数的影响最大。居住建筑（住宅）面积毛密度是指每公顷居住区用地拥有的居住建筑的建筑面积。居住建筑（住宅）平均层数是指住宅总建筑面积与住宅基底总面积的比值（层）。

既然提高建筑密度和人口密度对于节省居住区用地都有一定的限度，就需要寻求其他途径，以进一步实现节约居住区用地的目标。合理开发与综合利用居住区地下空间，在节约用地等综合效益方面表现出很大的潜力，对于在不增加或少增加生活居住用地前提下，提高居住区空间容量，改善环境质量，促使居住区的发展从粗放式到集约化的转变，都可起到积极作用。

## 6.1.2 城市居住区的发展趋势

随着城市的发展和社会的变化，居住区经历了规模由小到大，功能由简单到复杂的演变。然而到目前为止，相对于城市地下空间利用的其他领域（如交通、商业、公用设施等），居住区地下空间利用的规模还不够大，其意义和作用在国内尚未受到应有的重视。特别是在现代城市中，高层住宅飞速发展，由于高层住宅的结构埋深要求，自然形成埋入的地下结构体，可是，往往对这一部分也是利用不够，这是非常可惜的。

地下空间的开发利用还应具有综合社会效益，也就是说对地下空间的开发利用应该是一个体系的概念。比如，在城市居住区中，单个的居住区、单体建筑的地下空间都离不开公共的市政地下空间体系，如市政的排水系统、市政的交通体系。如果能把整体联系起来考虑，对于经济性方面、方案的合理性和可实施性方面都是十分重要的。不能把地下空间的开发利用独立起来考虑，最好是能做到地下空间与地上空间紧密结合，互为补充，使地下空间的内容更加丰富，更有生命力，也会使城市的整体品质得到提升，使城市更有活力。

经济的快速发展、社会的不断进步以及人们生活水平的提高，使现有的一些居住区规划设计和建设观念已经不能完全适应时代的发展要求，因此在应对现实以外还要有超前意识，去分析、研究能够满足未来人们需求的居住区建设模式，使所做的设计能跟上时代发展的步伐。总体上说，判定一个居住区是否是理想的发展模式，应该满足以下标准：

（1）营造安全舒适、优美宽敞的居住环境，以满足居民最基本的居住需求。

（2）居住用地的集约与合理利用，充分发挥居住区的规模效益和集聚效益。

（3）实现居住区环境与自然生态的有机融合，实现居住区的可持续发展。

（4）居住区的形态美观、设计多样化，以满足不同社会群体的需求。

（5）居住区的功能多样化，能满足人们居住、办公、休闲、娱乐等需求。

（6）居住区内交通的合理组织与对外交通的顺畅衔接，方便居民出行。

（7）提供开敞多样的绿色空间和活动空间，以满足不同群体休闲和交往的需要，特别是儿童和老年人的特殊需要。

(8) 居住区的规划布局有利于形成融洽和谐的邻里关系和地域归属感。

(9) 具有完善的基础设施和服务设施，即包括方便的对外交通、通信和网络设施，也包括完善的公共服务设施，以满足居民的休闲、健康和娱乐需求。

(10) 方便居民就近工作和照顾父母、方便子女上学，减少居民的通勤时间。

综合以上理想居住区的标准，未来的居住区应具备智能性、生态性、协调性、集约性和高效性等特点，以适应时代的发展和居民的多样化需求。

# 6.2　城市居住区地下空间开发利用的目的与作用

## 6.2.1　节约土地，促进居住区的集约化发展

在当今世界范围内，人口无节制的增加和生活需求无止境的增长，自然条件的日益恶化和自然资源的渐趋枯竭，是制约人类生存与发展的主要矛盾；在城市发展问题上，则表现为扩大城市空间容量的需求与城市土地资源紧缺的矛盾，就是通常所说的生存空间危机。这是个全世界的问题，只是在我国显现得更加突出一点。所以更加有效地利用土地资源，改善地面的生活环境，是地下空间开发利用的目的。

居住区地下空间作为现代城市发展的重要空间资源，可以结合以下多种功能规划，拓展现代城市空间资源，提升城市功能，节约土地，集约化发展。

**1. 停车空间**

居住区每个组团内在适当位置安排一集中的自行车地下停车库，既便于居民停放、便于管理、又避免了停车占用地面空间，其节约的地面空间可进行绿化。

汽车停车则考虑地面停车和地下停车相结合的方式，少量地面停车场以分散为主，另一部分建于公共绿地下，以满足日益增长的居民私家车停车需要。

**2. 休憩娱乐空间**

中心绿地为居住区的视觉中心和焦点，同时也是居住区最主要的公共活动空间，结合地面功能可进行地下空间资源的开发利用，如健身房、棋牌、卡拉 OK 活动室等一部分功能放入地下，这样可节约大量地面空间资源，这部分地面空间可种植绿化，美化环境。

**3. 购物、服务空间**

居住区内诊所、邮局、银行以及理发、美容、礼品店、花店、超市等共同组成的综合性公共中心，建造在地下空间，既可增加服务面积，又可为小区居民日常生活服务。

**4. 公用设施空间**

在居住区内规划布置配电房、水泵房、垃圾收集点等市政设施。配电房和水泵房等可置于地块北端地下，地上种植绿化，增加绿地面积，改善居住区环境。垃圾收集点均匀分布于居住区内，以方便住户使用。

**5. 市政管道地下空间集中排布**

居住区内市政管道地下空间集中排布，有利于维护及管理。

**6. 通道及商业空间**

对于和附近地铁能连通的小区，设置地下连通通道和附属的地下商业设施，以提高小

区效率，增加居住区开发价值。

7. 平战结合地下民防设施

我国新建居住区需按比例建造一定面积的人防地下室。如果能规划好，并充分利用好这一部分空间，使之平时能发挥功能效益、灾害时可行使防灾功能。

### 6.2.2 减轻空气污染，促进居住区环境质量的提高

1. 增加小区绿地面积、改善小区生态环境

由于居住区地下空间的开发利用，可把一部分对阳光、温度、环境要求不高的居住区功能放入地下，如可在住宅或中心绿地下设置地下或半地下车库；可将居住区的配套服务设施，如娱乐、商业、诊所等放入地下；也可将居住区的配套公共设施如配电房、水泵房等放于地下，这样将极大地节约地面空间面积。如果在这些节约的地面面积上种植绿化将会大幅增加居住区绿地面积、改善居住区生态环境。

2. 改善居住区管理水平、提高居住区公共环境质量

由于居住区地下空间的开发利用，可使各种车辆的停放管理科学化、集中化，小区内无乱摆放的自行车和随处停放的机动车，一改原来小区内车辆摆放杂乱无章、管理混乱的局面，使小区整洁、安静、郁郁葱葱，充满安详的、和融的生活气息。同时，在地下空间停放汽车可以集中收集尾气，通过过滤吸收装置，减少汽车尾气直接排放对空气的污染。

3. 完善小区配套服务功能

我国土地资源较为紧张，由于土地价值的昂贵，开发商为追求利润最大化，在开发居住区时，其居住区配套服务设施面积被压为最低，甚至一些必需配套功能都被忽略了，造成居住区配套服务不完善。结果给入住居民造成了极大的不便，同时这样做也使该居住区综合环境质量降低了一个档次，最终使开发商也蒙受不必要的经济损失。由于居住区地下空间的开发利用，使一些服务配套设施放入地下，如将娱乐、商业、休闲等放入地下空间，这样做可大大完善居住区配套服务功能。

### 6.2.3 加强防灾减灾，提高居住区的安全保障水平

开发利用居住区地下空间，可使每个居民所拥有的地下防灾空间比现行防护标准高2~3倍，不但使居住区具备了足够的防灾能力，对提高整个城市的总体抗灾能力也有重要意义。

地下建筑相对于地面建筑来说，抗震能力要强得多。如果有足够的地下空间作为居民在地震发生前后的避难所，不但可以减少震害损失，还可增强居民平时的安全感。

## 6.3 城市居住区地下空间规划与设计

### 6.3.1 城市居住区地下空间规划与设计的主要内容

从居住区的基本功能要求看，对建筑空间的需求大体上有三种情况：①有些功能必须安排在地面上，例如居住、休息、户外活动、儿童和青少年教育等；②某些需求只有在地

下空间中才能满足，如各种公用设施和防灾设施等；③既可以设置在地面上，也可以安排在地下空间中，或者一部分宜在地面空间，另一部分适于在地下空间。

属于情况③的内容较多，如交通、商业和服务行业、文化娱乐、医疗、老年和青少年活动、某些福利事业（如残疾人工厂）等。因此，居住区地下空间开发利用的适宜内容，可概括为交通、公共活动、公用设施和防灾设施等四个方面。

**1. 地下交通设施**

居住区内的动态交通设施有车行道路（包括干道和支路）、步行道路、立交桥等；静态交通设施有露天停车场、室内停车场、自行车棚，大型的还有地铁车站。

由于工程量大，造价高，在近期内实现大量居住区内动态交通的地下化是不现实的，但不排除采取适当的局部地下化措施。因此，在一定时期内，居住区交通设施的地下化应以满足居民停车需求为主，尽管地下停车库每个车位需要 $30\sim35m^2$ 的建筑面积，但不占用土地和地面空间，节约用地效果明显，故近年已经广泛得到认同和推广。关于居住区地下停车规划与设计详见本书第 7 章。

**2. 地下公共活动设施**

居住区内公共建筑的面积一般占总建筑面积的 $10\%\sim15\%$，用地占总用地的 $25\%\sim30\%$，这是由于公共建筑层数较少和需要的辅助设施用地较多所致。

过去在我国，居住区内的公共建筑很少附建地下室，在公共建筑用地范围内也很少开发地下空间，而少量的地下空间的利用多分散在一些多层居住建筑的地下室中；当有高层居住建筑时，又多集中在高层建筑地下室中。实践表明，建在这些居住建筑下的地下室，由于结构和建筑布置上的一些特殊要求，较难安排一些公共活动，以致利用效率不高。因此，除高层建筑必需附建的地下室外，居住区地下空间开发的重点应向公共建筑转移。

在居住区公共建筑中，一部分内容不应放在地下，如托幼设施、中小学等，其余大部分都有可能全部或部分地安排在地下空间中，主要有商业、生活服务设施和文化娱乐设施两类。

在商业和生活服务设施中，除一部分营业面积可在地下室中外，还有一些设施，如仓库、车库、设备用房、工作人员用房等，与营业面积之比大体为 1∶1，其中约有 2/3 适于放在地下空间中．这样就可使公共建筑用地在总用地中的比重有所减少。

关于文化娱乐设施，除大型居住区可能有电影院、图书馆等较大型公共建筑外，一般多以综合活动服务站为主，如青少年活动站、老年人活动站等。这些活动多为短时，且人员不很集中，对天然光线要求不高，故在地下空间中进行较为适宜。

**3. 地下公用设施**

居住区内的公用设施有热交换站、变配电站、水泵房、煤气调压站等建筑物以及各种埋设的或架高的管线。各种公用设施建筑物或构筑物均可布置在地下或半地下，既节省用地，也改善了居住区内的环境和景观。

**4. 地下民防设施**

按照我国现行政策，新建居住区均应在总建筑面积中，按一定比例建造人防地下室。一方面，居住区地下空间的开发利用在投资和规模上有了一定的保证；但另一方面，也还存在一些问题，建造的防空地下室面积比例较小，内容仅满足人防工程平战结合使用，没有形成一个完整的体系，更多地从节省用地和扩大空间容量的角度实行全面的开发，同时在必要时发挥防灾的功能。

居住区内的地下空间是由许多局部空间形成的一个体系，应在可能条件下互相连通，这对于提高防灾系统的机动性和防护效率，是很重要的。结合地下交通和公用设施的布置，综合规划防灾设施的连接通道，解决通道在平时无法利用的问题。

## 6.3.2 国外居住区地下空间规划与设计的状况

突尼斯南部的切内内村在 900 年前的史前穴居人公社的基础上发展而成，现在有1700 多居民。土耳其卡帕多西亚的地下居所曾有 1 万多人，"这些部分建于地下的居住地，包括主要的城镇中心，较小的村落、堡垒和钟楼、修道和居士院舍、连接外界的军用和贸易通道以及联系村落、田野和其他工作场所的道路网"。意大利南部阿普利亚省是一个石灰岩地区，也发现许多人造洞穴。这些地下建筑，目前有许多还被广泛地用于居住。

近代对于地下空间的设计研究，国外开展的较早。国外城市居住区的地下空间利用，除了一些公用设施的管、线按传统做法多埋设在地下和一部分的高层建筑的地下室外，有些欧洲国家和苏联，在居住区地下空间的利用上增加了些新的内容，通过利用地下空间改善区内交通和增加商业服务设施，取得较好的效果。随着居住区内高层建筑的增多和居住区功能向综合化发展，在国外的一些居住区中，特别是在居住区或小区的中心地带，常常布置几座高层的综合大楼，地下基层和地下层内布置停车场、商店、机房以及各种服务设施，上层则为多种户型的住宅单元。例如美国纽约的东河居住区，东河居住区共有 4 幢位置互相错开的高层住宅楼，每幢楼的两翼为阶梯式多层住宅，在转角处为一个 38 层的塔式住宅楼。这 4 幢楼的地下室和楼间空地的地下空间连成一片，在其中设置了停车场（地下两层，总容量 685 辆）、商店、仓库、保健中心、洗衣房等，成为一个名副其实的居住综合体，方便了居民的生活。

在地下建筑和地下空间的发展研究当中，美国覆土住宅是不可不提的一笔，覆土住宅在 20 世纪 60 年代兴起于美国，是指在平地上或挖开的地基上，用常规方法建造住宅，在结构完成之后，屋顶和外墙 50％以上的面积用一定厚度的土覆盖的一种半地下式住宅。这是一种独立式住宅，不同于通常意义上的地下室住宅，地下室住宅的上部通常还有建筑，不能覆土。覆土建筑能够很好地同地形结合，建筑形式多种多样，在节能节地方面的优势明显。土层和岩层是一个很大的蓄热体，包围在其中的地下建筑温度波动幅度很小。美国一些科学家还提出了使覆土住宅"能源独立"的设想，通过增加太阳能集热器，储存热能，另外，增设一套利用冬季自然冷源的空调系统，解决夏季供冷问题。

图 6.1 是卡尔斯基住宅，是卡尔斯基夫妇自己设计的两层覆土住宅。该建筑结合地形，采用了一个椭圆和两个圆相结合的平面形式，后面附有一个矩形的车库，总面积186m²。建筑采用了普通的结构和施工方法，外墙用预制混凝土砌块围成，楼板为现浇混凝土。住宅位于一个土丘上，覆土厚度约 1m 左右。

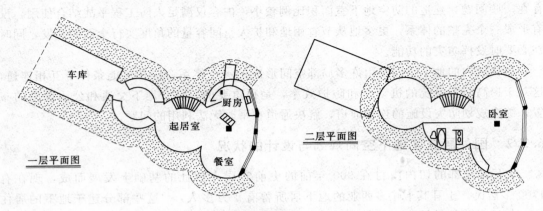

图 6.1　卡尔斯基住宅平面图

### 6.3.3　国内居住区地下空间规划与设计的状况

我国对于现代的地下空间研究起步较晚。但是，对于地下空间的开发在我国却有着相当长的历史，并积累了大量的设计经验。

古人利用天然洞穴作为生活的场所，在我国黄河流域发掘了大量的洞穴遗址，大多是公元前 8000～公元前 3000 年的产物。距今 3000～6000 年的仰韶文化，已经开始人工挖掘洞穴。在距今 3000～4000 年的龙山文化时期，半地下的穴居有了很大的发展，采用了前后两间不同的卧室，成吕字形平面，建筑功能上有了区分。我国在夏朝公元前 2100 年进入了奴隶制社会时期，这一时期的地下空间相当多的是墓地和石窟，地面的木构建筑有了很大的发展，而穴居大部分是奴隶的住所。封建社会时期，生产力有了进一步的发展，建筑技术有了长足的进步。春秋战国时期，我国传统木构建筑基本上形成了稳定的体系，在以后的 2000 多年时间里，成为了我国主要的建筑形式，使人们逐步放弃了地下居住的形式，地下空间应用主要在陵墓、粮仓、军用设施、宗教的石窟等。

同时，在我国北方的部分地区如河南、陕西、山西、甘肃等省的黄土地区，人们为了适应地质、地形、气候和经济条件，发展了另一种形式的地下住居——窑洞住宅。黄土高原由于气候干燥、森林资源少、木材缺乏，同时土层深厚，有利于窑洞的挖掘建造。窑洞自明清以来得到进一步的发展，目前仍有 3500 万～4000 万人居住在窑洞中。

我国黄土高原上的窑洞聚居模式，利用黄土的保湿、保温性能以及强度适中，易于挖掘和成型的物理特性修建地下房屋。黄土高原地区，大多数地方丘陵起伏，沟壑纵横，窑洞建筑依山靠崖，层层筑窑，不占良田，节约了大量的耕地同时，由于黄土深厚，稳定性好，雨量少，窑洞建筑比较牢固，建筑材料的消耗却比较少，地下空间的优良的热稳定性也在窑洞建筑中体现出来，窑洞内部的环境受外界气候变化的影响较小，对于日平均气温的影响，地面以下 0.5m 就没有影响。例如西安地区，夏季温度可达 38℃以上，冬季最冷可以达到零下 10℃，但在 4～6m 的土体覆盖下，窑洞内的气温夏季稳定在 14～15℃，波动幅度仅为 1.5℃，冬季温度为 14.5～16.5℃，波动幅度只有 2.5℃，有着冬暖夏凉的优点，可以大大降低制冷采暖的能源消耗。

　　黄土高原上这类地下房屋，规划紧凑，每组以下沉式天井为中心，出入口处有树木作为标记，人们选择把居住功能放在地下，也是为了留出更多的地面土地用作农耕，地面作为农田，这样的聚居模式，是一种对土地空间资源的充分利用。图 6.2 是从昵图网上搜索的陕西窑洞照片。

图 6.2　陕西窑洞

　　近年来，在资源与环境问题得到普遍关注的情况下，我国对于地下建筑的设计研究也逐步开展起来，取得了一定的成绩，地下空间的利用的重点从军事上转为民用。北京、上海、广州等大城市相继建成了地下铁路交通，城市中心区建设了大量的地下商业综合体，如北京西单地下综合商业中心、上海静安寺地下空间综合体、上海人民广场地下商业中心、哈尔滨市南岗地下商业中心等；同时，地下居住的研究也有着实质的进展。新的住宅小区的建设大多利用了地下空间作为停车和配建设施空间，在不少的城市中出现了利用附建式地下室作为城市居住系统的一部分的情况。据不完全统计，哈尔滨市 1992 年附建式地下室住宅有 3 万 m² 左右，容纳了将近 2000 户居民。图 6.3 是山东科技大学建筑设计研究院有限公司设计的青岛某小区交通规划方案，三个地下停车出入口和小区内部交通紧密结合，最大限度进行了地下停车库设计。

　　随着城市化进程的加快，特别是大城市，人口密度日渐增加，城市建设应该走提高城市生活质量和环境质量的道路，而不是盲目扩张城市面积。中国工程院早在 1998 年就作过《21 世纪中国城市地下空间开发利用的战略和对策》研究课题，鲜明地提出在城市，尤其是大型、特大型城市的总体规划中应包括地下空间规划。发达国家城市地下空间开发利用已达到相当的水平与规模，日本已将开发 50～100m 深层地下空间的课题提上了日程，"向地下要土地"、"向地下要空间"是世界城市发展的必然趋势，也是衡量城市现代化的重要标志之一。只有城市有了发展的空间，作为开发商才会有发展的空间。在政府大力提倡开发利用城市公共空间的同时，开发居住区的时候，也该多多考虑其地下空间的开发和利用。

**交通分析图**

规划功能结构设计：

根据基底条件与方案设计理念提出完整的人车分流的交通组织方式。在基地的东北角与西南角各设一个车行入口，在小区车行道路上设置三处地下停车库出入口。在基地的南侧与东侧道路上分别设置一个人行入口，提供完整的人车分流。

**图例**
━━━　城市交通
═══　小区车行道路
←→　地下停车库出入口
▶　小区人行入口
▨　沿街商业步行区
▨　小区内游憩步行区
══　步行道路
══　地面停车位

图 6.3　青岛某小区交通规划方案

# 第7章 城市地下交通系统规划与设计

## 7.1 概　述

从广义上看，城市交通是指人口、物资和信息在城市中的流动，是城市赖以生存和发展的基本功能之一，也是城市基础设施的重要内容。城市交通的通常涵义是指人流的活动和物资的运输，简称为客运交通和货运交通。

动态交通和静态交通是相互依存的两种城市交通形态。对于客运交通来说，步行或乘车属于动态，驻足或候车则为静态；对于货运，运输过程是动态，储存过程为静态；对于车辆，行驶中为动态，停放后则为静态。

城市交通问题是城市发展过程中经常面临的主要问题之一。城市交通系统适度的地下化，已被证明是改善城市交通并使之进一步现代化的有效途径，同时也是城市地下空间利用的一个重要内容。虽然地下交通系统有其相对独立的内容，但与地面交通是一个统一整体。城市交通分属于两个学科，即城乡规划学和交通工程学。

### 7.1.1 城市交通与城市发展

交通发展为城市的扩展提供了前提，在交通现代化进程中，全面城市化也同时在进行，城市人口密度历来较高，城市交通的不断发展使人口郊区化及城市结构调整成为可能。

以日本东京为例，明治维新时期，由于交通方式以徒步为主，远距离出行不便，因此市区一直未形成商业中心，城市面貌单一。20世纪初随着电车出现及城市间铁路开通，以国营铁路东京站为中心，首次形成了城市商业中心区。20年代初关东大地震后，市区借交通发展实现了大规模改建，商业规模有了很大发展，同时近郊私营铁路与市内国有铁路相衔接，促使东京市区向郊外迅速扩张，50年代后随着高速铁道向外延伸，交通网日益发达，郊外边远地区出现了大量居民住宅区，人口不断向郊外转移，同时带动了市区范围的扩展。东京多心型城市结构以及具有特色的城市中心开始形成。从60年代开始，围绕东京城市外围的高速铁路站点，每年有几十公顷住宅区被开发出来，由于住宅面积与环境通常比市区更优越，价格更便宜，设施齐全，因此吸引了大量居民迁入。逐渐地，城市外围就出现了一些新兴的综合性城市，这些城市由于以上优点又吸引了更多的人口。通过这样一波波向外扩张，城市范围愈来愈大，结果使城市间的空白地带也发展为新的城市，城市与城市渐渐融为一体。与此同时，工业也在向郊区发展。工业的外迁又促使一部分地理位置优越的地区发展为城市，从而进一步推动了城市化进程。这种由局部城市化（郊区化）到全面城市化的现象与交通的发展有着直接联系。随着日本后来新干线与全国高速公路网的开通，一方面强化了城市间的联系，另一方面带动了地区工业与经济的发展，城市的面貌、结构、功能与人们的生活方式发生了彻底改变。

高速公路、城市道路、地铁、电气铁道、新干线、新交通系统组成了市际交通与市内交通的整体化网络与便捷的换乘交通枢纽。交通换乘方便使得人们不必出站即可到达全国任何大中城市。由于交通发达，城市间的联系变得轻而易举，中小城市围绕大城市不断形成，最终日本形成了以大城市为核心的大都市圈地域结构。最典型的是东京大都市圈、名古屋大都市圈和大阪大都市圈。

通过以上分析，不难看出交通现代化发展与城市发展有着密切的联系。交通系统的发展，使城市容量扩大、城市与城市间的迅速交流得以实现，城乡差距得以缩小，城市的活力增强，最终改变了城市的社会、经济和空间结构。日本对交通发展的重视、城市交通先行的发展形势以及对新交通手段的研究应用，对我国正处于经济高速发展的城市而言，应该是具有极高借鉴意义的。

## 7.1.2　城市交通的立体化与地下化

城市人口和工业迅速集中，汽车保有量的飞速增长，给城市交通带来巨大压力，造成地上及地面空间容量的严重不足，为了改善城市交通运输的拥挤状况，提高城市土地使用效率，地下交通空间的开发利用势在必行。发达国家解决城市"交通难"的主要措施是发展高效率的地下有轨公共交通，形成四通八达的地下交通网。2010 年，我国 20 多个大城市主要干道的高峰单向断面最大客流量达到 3～7 万人次/h。如此巨大的客流量仅靠运载能力为 8000～9000 人次/h 的地面公共电、汽车是不能解决问题的，可以选用高峰运载能力大于 4 万人次/h 的有轨交通系统方案解决该问题，由于城区特别是中心区地价越来越贵，而新建地面道路则需要大量动迁，代价昂贵，修建高架道路则会对城市景观造成影响。此外，高架道路的噪声和震动，已经造成对我国多数大城市的噪声污染，从经济角度看，地铁建设会使沿线地价升值，而高架线的建设则使沿线地价贬值。

交通是组织空间的基础。地铁交通的发展可以使全市范围内的地下空间广泛沟通，地铁、地下高速道路、地下步行道、各类车站、地下停车场点、线相连形成便捷的地下交通网，可以迅速集散大量人流，地下街的修建可以使地面交通得到改善。地下交通设施的发展，可以将大量人流吸引到地下活动，缓解地面交通的人车混杂及车速缓慢等情况，步行观念的兴起以及区域步行化可以分开城市中心地区相互干扰的交通流，从日本地下街的建设经验可以得知，地下街中的步行通道一般可以起到 40%～50% 的分流作用。地下停车场可以取代街道上的停车场，使居住区和商业区从汽车交通的负荷中解脱出来，使建筑布局和交通运输规划紧密地联系在一起。实践证明，地下交通系统的建设有利于改善出行环境、整治城市公用设施和组织现代化的城市交通、提高市民生活质量。

优化城市结构，缩短城市时空距离，城市立体开发，为改造或置换城市功能、完善城市结构、调整土地使用状况、使城市功能的配置更趋合理提供了可能，还可以促进城市中最活跃的因素——交通得以改善，为城市结构的优化打下良好基础。同时，城市立体开发还可缩短人们互相联系的距离，将横向水平交通与竖向垂直交通相结合，使人们在地面上的分布空间化，从而节约了交通时间，提高了城市效率。

发展地下交通、缓解城市交通拥挤、降低城市大气污染，在大城市中心、历史文化名城中心和混合居民区内，除货物运输外，旅客运输的地下交通设施也将产生重要的效益，包括兴建地铁和修建地下高速道路。在具有突出景观价值的区域，希望能实现所有的货物运输交通设施建在地下，旅客运输的交通设施也经常建在地下。

城市交通建设在地下空间的优点：

（1）完全避开了与地面上各种类型交通的干扰和地形的起伏，可以最大限度地提高车速、分担地面交通量、减少交通事故。

（2）不受城市街道布局的影响，在起点与终点之间，有可能选择最短距离，从而提高运输效率。

（3）基本上消除了城市交通对大气的污染和噪声污染。

（4）节省城市交通用地，在土地私有制情况下，可节约大量购置土地的费用。

（5）地下交通系统多呈线状或网状布置，便于与城市地下公用设施以及其他各种地下公共活动设施组织在一起，提高城市地下空间综合利用的程度。

（6）改善城市地面环境。图7.1是波士顿中心道路改造前后的对比照片。波士顿拆除穿过市中心的六车道高架路，建设8～10车道的地下高速路，原有的地面变成林荫路和街心公园。这样的结果是市区空气的一氧化碳浓度降低了12%；市中栽植了2400棵乔木树，7000多棵灌木树；在海湾的景观岛上栽植了另外的2400棵乔木和26000棵灌木；增加了260英亩新的公园和开敞空间。

图7.1 波士顿市中心道路改造前、后

此外，地下交通系统在城市发生各种自然或人为灾害时，能有效地发挥防灾作用。

随着世界各国地下空间开发利用程度的不断扩展，其开发技术的进步可以减低开发成本，加快开发进度。各种联合掘进机和盾构机将成为地下隧道快速开挖的主要趋势；数字化掘进的发展，可以优化地下隧道开挖断面，减少超挖问题，提高开挖速度；地铁列车的进步发展，可以减少开挖截面，降低地铁造价。

## 7.2 地下铁道系统规划与设计

诺贝尔经济学奖得主、美国经济学家斯蒂格利茨断言，21世纪对世界影响最大的有两件事：一是美国高科技产业，二是中国的城市化。中国官方和学界大都认同这个说法，并认为 21 世纪就是中国的"城市世纪"。对城市而言，最直接的影响便是城市交通的变化，表现在交通需求总量的增加、长距离出行交通增加以及私家车出行的增加等诸多方面，使得城市交通恶化，交通拥挤堵塞严重，尤其是在城市的核心地段。因此城市应大力发展公共交通事业，鼓励城市居民出行优先选择公共交通工具，尽量避免使用私人交通工具，以提高公共交通出行在城市居民出行中的比重，从而缓解城市交通压力，减少对城市空气的污染。

从 1863 年第一条地铁在伦敦中心地区建成到今天仅有近 150 年的历史。在这百余年中，地铁以其快速、准时、安全、舒适、污染少、运量大、运输效率高等优点，逐步成为世界各主要大城市中最重要的交通工具，得到了迅速的发展。尤其是"公交优先"策略的提出，使得地铁成为这个策略得以实施的最为重要的保障。目前，世界上所有比较发达的大城市地下都拥有一套完整、安全、快捷的城市地铁系统。

## 7.2.1　城市轨道交通的发展与地下铁道建设的条件

1863 年 1 月 10 日，世界上第一条地铁用明挖法施工在伦敦建成通车，列车用蒸汽车牵引，线路长约 6.4km。20 世纪上半叶，有柏林、纽约、东京、莫斯科等 12 座城市修建地铁，截止到 1963 年的 100 年间，世界上建有地铁的城市共计 26 座。1964～1980 年的 17 年间，又有 30 多座城市修建了地铁，到 1985 年世界上有大约 60 座城市正在修建或计划兴建地铁，当时全世界地铁运营里程总计约 3000km，其中纽约、伦敦均达 400km，巴黎接近 300km，莫斯科和东京接近 200km。莫斯科地铁的客运量居世界首位，1979 年统计平均每昼夜可达 650 万人次，每年客运量达 32.8 亿人次，占全市公共交通总客运量的 41%。

城市地下铁道经过一个多世纪的发展，早已突破了原来的地下概念，多数城市的地铁系统都已不是单纯的地下铁道，而是由地面铁路、高架铁路和地下铁道组成的快速轨道交通系统，只是由于长期的习惯，仍沿用过去地下铁道的名称。香港的二期地铁线路总长 10.5km，有 1.2km 在地面，1.9km 为高架，地下段只有 7.4km。由于地铁线路的造价在各种交通方式中为最高，因此只有在其他交通方式无法替代的情况下，才有必要花费高昂代价修建地铁。

对于一个城市是否需要建设地铁，是否具备必要的前提条件，存在两种评估标准：一般认为，人口超过 100 万的城市就有建设地铁的必要；也有人认为，人口超过 300 万时才是合适的。前一种评估方法大体上符合已建成地铁的城市情况。按城市人口多少评估该城市是否需建地铁，只能看做是一种宏观的、笼统的推测，而不能成为建设地铁的唯一依据。因此，评估一个城市建设地铁的前提应当是：在主要交通干线上，是否存在单向客流量超过 4～6 万人次的情况（包括现状和可以预测出的未来数字）；同时，即使存在这一情况，也只能是在采取增加车辆或拓宽道路等措施已无法满足客流量的增长时，才有必要考虑建设地铁。

综上所述，城市地下铁道建设的必要前提，可以概括为以下三点：

（1）城市人口的增长以及相应的交通量增长，是推动地铁建设的重要因素，一般在人口超过 100 万时，就应对是否需要建设地铁的问题进行认真的研究。

（2）不论城市人口多少，只要在主要交通干线上有可能出现超过 4～6 万人次/h 的单向客流量，而采取其他措施已无法满足这一客观需求时，建设地铁线路才是合理的。

（3）地下铁道应成为城市快速轨道交通系统的组成部分，为了降低整个系统的造价，应尽量缩短地下段的长度。

## 7.2.2　地铁路网规划

地铁路网规划是全局性的工作，首先应当在城市发展总体规划中有所反映，根据城市结构的特点，城市交通的现状和发展远景，进行路网的整体规划，然后在此基础上，才能分阶段进行路网中各条线路的设计。

地铁路网实际上是由多条线路组成的、可以互相换乘的城市快速轨道交通系统。在一些地铁非常发达的城市中，如伦敦、纽约、巴黎、莫斯科、东京等，仅是地铁的地下段部分，就已经形成了一个比较完整的路网。地铁路网的形态多种多样，从城市结构与路网形态的关系上看，基本上有放射状和环状路网两种。

早期建设的城市地铁，路网规划一般都是随着城市的发展而逐步形成的，因此很自然地从交通最繁忙的市中心区开始建地铁线，向四周扩展，等到城市规模已经很大，或是在郊区出现卫星城后，这些放射形线路又自然地向外延伸。

对于单纯的放射状路网，除个别的相会点外，很难实现各线路之间的换乘，于是就产生了建造能连接各放射状线路的环状线的需要。单纯的环状路网也很少见。因此，相当多城市的地铁路网成为一种由放射状和环状线路组成的综合型路网。图 7.2～图 7.4 分别是斯德哥尔摩和伦敦的放射状地铁路网、莫斯科的综合型地铁路网。

　　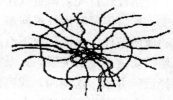

图 7.2　斯德哥尔摩地铁路网　　　图 7.3　伦敦地铁路网　　　图 7.4　莫斯科地铁路网

城市要实现现代化，一定要有便捷的现代化城市交通与之相适应，要解决好城市交通问题，必须要统一规划、综合治理、分期建设，城市交通规划是城市规划的重要组成部分。首先要根据城市总体规划，经过全面详细的交通调整，科学地编制好城市综合交通规划，尤其是大城市、特大城市还要科学地编制好城市快速轨道交通路网规划。

1. 地铁路网规划设计原则

（1）路网的规划要与城市客流预测相适应。通过对城市主要交通干道的客流预测，定量地确定各条线路单向高峰小时客流量，也就可以确定每条线路规模。规模确定后，就可以确定其为高容量、大容量、中容量还是小容量的轨道交通。居民每天出行的交通流向与城市的规划布局有密切关系，轨道交通只有沿城市交通主客流方向布设，才能照顾到居民快速、方便的出行需要，并能充分发挥快速轨道交通客运量大的功能。

（2）路网规划必须符合城市的总体规划。根据城市总体规划和城市交通规划做好轨道交通规划，快速轨道交通网络规划又是大城市总体规划的重要组成部分，交通引导城市发展是一条普遍规律。轨道交通的规划和建设，可带动沿线住宅和商业区的开发和升值。轨道交通路网规划与城市的远景规划相结合，具有前瞻性。如巴黎市郊快速铁路发展规划是在巴黎城市总体规划和土地使用规划的基础上，结合巴黎市远期发展制定的。

（3）规划线路要尽量沿城市主干道布置。规划线路要贯穿连接城市交通枢纽、对外交通中心（如火车站、机场、码头和长途汽车站等），商业中心，文化娱乐中心，大型的生活居住区等客流集散数量大的场所，以减少线路的非直线系数和缩短居民出行时间。

（4）规划路网中线路布置要均匀，线路密度要适当，乘客换乘要方便，换乘次数要少。

（5）规划路网中各条规划线路上的客运负荷量要尽量均匀，要避免个别线路负荷过大或过小的现象。

（6）在考虑线路走向时，应考虑沿线地面建筑的情况，要注意保护重点历史文物古迹和保护环境。要先考虑地形、地貌和地质条件，尽量避开不良地质地段和重要的地下管线等构筑物。

（7）规划路网要与城市公共交通网衔接配合，充分发挥各自优势，为乘客提供优质交通服务。

衡量一个现代化城市的交通好坏，主要是看居民出行交通是否方便，而衡量交通方便的主要尺度是出行时间的长短。

2. 地下铁道的线路设计

地铁路网的规划，要通过对每一条线路具体地进行勘测、规划、设计和施工才能实现，这项工作可统称为线路设计。

线路设计首先要确定线路的走向，以及不同线路形式（地下、地面、高架）的位置和长度；然后需要对沿线单向最大客流量及其中有可能乘坐地铁的比例（近期和远期），地形和地质条件，地面和地下空间的现状、施工条件和施工方法，与其他交通方式的关系，与城市防灾系统的关系，以及社会和经济效益等多种因素进行综合分析，在多方案比较中选择最佳方案。这期间，线路的选择是否与客观存在的最大客流量的流向相吻合是问题的核心，直接影响到线路运营后能否发挥最大效益。

地铁线路设计除选线工作外，还要选择车站的位置，确定车站的类型，以及规划设备段和车辆段的位置等。

地铁车站位置的选择，既要能在一定范围内吸引足够的客流量进入地铁，又要保持合理的站距以提高旅行速度，还要考虑在各地铁线路之间的换乘和与地面上公交车站换乘的方便。在人口密集的市中心区，站距一般比较小，以使大量客流方便地进入地铁。一般认为，市区内在 1000m 左右，到郊区增加到 2000m 以内较为适当。从车站在地面上的位置看，应当以居民出行调查为基础，预测出在合理的步行半径范围内（500～700m），单位时间内有可能进入地铁站的人数，使线路客流量达到或接近设计水平，又能使客流量在各站的分布比较均匀，这样的车站位置才比较合理。

地铁的设备段多布置在车站附近的区间隧道中，除安排进、排风口位置外，对地面上的影响不大。

地铁车辆段实际上就是地铁线路的停车场和修车场，需要在地面上占用较大面积的土地。当地铁线路较多而且相连成网时，一个车辆段可同时为几条线路服务，例如东京地铁共有 7 个车辆段，为 13 条线路服务，利用率比较高，也节省了用地。

### 7.2.3 地铁车站的规划设计

地下铁道车站是供旅客乘降、换乘和候车的一种静态交通设施，也是乘客在地铁线路上能直接接触到的建筑空间，在使用上和感观上对乘客有直接的影响。车站的建筑组成和内容比较复杂，一般包括乘客使用、运营管理、技术设备和生活辅助等四大部分，其中供乘客使用的部分为主要部分，包括地面出入口和站厅、地下空间站厅和售票厅、站台和隧道、楼梯和自动扶梯等。

地下铁道车站在总体布置、内外空间组织、建筑处理、结构形式、施工方法以及设备等方面，都有明显的特点。车站也是地下快速轨道交通系统中最复杂的组成部分，是一种特殊的交通建筑类型。

（1）地铁车站的规划布局。地铁车站的总体布局一般和线路的走向选定工作同时进行，两者要紧密结合，相辅相成才能选出好的线路和站位。在规划车站分布时，一定要结合城市总体规划和城市现状，并根据车站周围的土地使用情况、大的客流集散点、网线相交处、工程和环境条件以及考虑适当的站间距等因素，经过详细调研、认真比选后确定。

地铁线路上各车站的位置与作用，在路网和线路规划中已基本确定，但就每一个车站的设计来说，仍面临着比较复杂的总体布置问题。既要充分发挥车站的最大效率，又要为旅客提供候车和乘降的方便条件；既能在地铁路网中实现换乘，又能与其他公共交通线路和车站相衔接。同时，应有效地利用车站的每一部分空间，对地下与地上空间加以合理组织，使之富于变化和艺术表现力。

（2）图 7.5 是按照运营功能的不同，划分车站类型的示意图，一般可以划分为终始站、中间站、区间站和换乘站等。

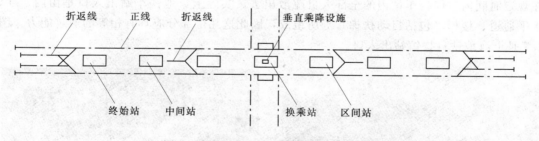

图 7.5 按运营功能划分车站类型示意图

1）终始站，位于线路的两端，由于客流的集中乘降和需要列车折返设备，故规模都较大。在终始站上能否以最快速度改变列车运行方向，是影响整个线路运载能力的重要因素。除折返线外，还可能设置停车线、检修线和通向车辆段的线路。环形折返线需要一定的半径，使站台宽度加大，对车轮磨损也较严重；尽端式的终始站，是比较普遍采用的一种形式。

2）中间站，比较简单，仅供乘客在一条线路上中途乘降。

3）区间站，在线路上客流量分布是不均匀的，在客流量最集中的线路两端的车站设置折返线，在客流高峰区段内增开区间列车，故称区间站或区域站，以利于客流的疏散。

此外，当地铁路网分期实施建设时，先期建设的线路上的中间站有可能与后期的线路相交，形成换乘站，这时先期的中间站应按换乘站的要求设计，以便在后期线路开通后实现换乘。

4）换乘站，是位于线路交叉点的车站，简单的只有两条线路互相换乘，如果几条线路在同一车站上换乘，布置上就相当复杂。换乘站的布置与线路相交的方式有关。当两条线路垂直相交时，上下距离又较小，多采用垂直换乘方式，乘客通过楼梯或自动扶梯即可换乘，路程最短。

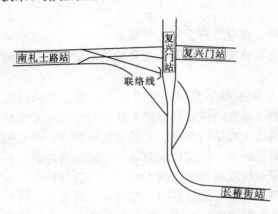

图 7.6　北京地铁复兴门站

如果两条线路成锐角相交，可使两线在站台部分保持平行，然后通过天桥、地道或楼梯实现换乘。当上、下两车站在投影范围内不相交，不重合时，只能经楼梯和一段地下连接通道才能换乘。相交线路在两条以上时，空间关系比较复杂，可将其中一两个车站适当拉开距离，采取垂直与平行换乘结合的方式，以简化换乘过程。图 7.6 是北京地铁复兴门站的换乘情况示意图。

（3）地铁车站主要组成部分的布置要求。

1）出入口。出入口是乘客从地面上进入地铁车站的主要渠道，故首先应使乘客在地面上容易找到，然后能比较便捷地进入站厅和站台；尽量减少转折次数，扩大通视距离。出入口的数量和宽度除保证客流通畅外，还应满足防灾疏散的要求，因此从站台到达中间站厅的楼梯不能少于两个，每个车站直接通向地面的出入口也不应少于两个，以保证在规定时间内，能将车站内的全部人员疏散出去。实际上，地铁车站出入口是由门、厅、水平通道、楼梯（包括自动扶梯）等所组成，因此这几个部分应具有相等的通过能力。图 7.7 是上海地铁科技馆站出入口。

图 7.7　上海地铁科技馆站出入口

图 7.8　北京地铁站台

2）中间站厅。中间站厅是用于把乘客从出入口引向站台的过渡性大厅，其高程一般介于地面和站台面之间，厅的净高一般较小。中间站厅的位置可设在站台中部（一个厅），也可设在站台的两端（两个厅），有的侧式车站则将中间站厅与跨线天桥组织在一起。乘客在中间站厅内的主要活动是购票和检票，一般不在其中候车和休息。

3）站台。站台是地铁车站的最主要部分，对线路的运载能力和车站的造价都有直接影响，因此站台的长度、宽度和高度，都需要确定一个合理的尺寸，使之既与本站的客流量、位置和功能相协调，又为一定时期内的发展留有足够的余地。在长、宽、高三个因素中，主要的是站台的长度。图 7.8 是北京地铁站台。

# 7.3 地下道路系统规划

## 7.3.1 地下车行道路规划

城市中为大量机动车和非机动车行驶的道路系统，一般不宜转入地下空间，主要是因为工程量很大，造价过高，即使是在经济实力很强的国家，在相当长的时期内也不易普遍实现。现阶段，在以下一些情况，在城市的交通量较大的地段，可建设适当规模的地下车行道路（也称城市隧道）。

（1）当城市高速道路通过市中心区，在地面上与普通道路无法实现立交，也没有条件实行高架时，在地下通过才是比较合理的，但应尽可能缩短长度，减小埋深，以降低造价和缩短进、出车的坡道长度。

（2）城市的地形起伏较大，使地面上的一些道路受到山体阻隔而不得不绕行，从而增加了道路的长度。这时如果在山体中打通一条隧道，将道路缩短、从综合效益上看是合理的。

与地下轨道交通相比，地下道路是不经济的。因为地下道路单向客运能力仅为 2100 人次/h，两条车线的宽隧道也不过 4800 人次/h，而且还需要连续通风。作为同样宽度的隧道，可以双向铺轨，轨道交通单向即可实现 4 万～6 万人次/h 的运载能力。

图 7.9 是北京海淀区中关村西区地下交通环廊，这条全长 1.9km 的环廊 2007 年 12 月 8 日开通，可引导车辆改走地下，实现人车分流，同时，有 10 个出入口与地面道路相通。

青岛胶州湾海底隧道采用双向双洞六车道的通行模式，隧道全长 6170m，穿越海底段 3950m，中间设服务隧道，采用矿山法施工。结构采用椭圆形断面，复合式衬砌，净宽 14.3m，高 10.4m，两主洞中线间距 55m。设计基准期为 100 年，使用功能是城市道路交通，线路等级为城市快速路，设计车速是 80km/h，隧道限界高度 5.0m，行车道宽度 $3 \times 3.75 = 11.25m$，路缘带宽度 $2 \times 0.5 = 1m$，安全带宽度 $2 \times 0.25 = 0.5m$，检修道宽度 $2 \times 0.75 = 1.5m$。图 7.10 是青岛胶州湾海底行车隧道建筑限界示意图。

## 7.3.2 地下步行道路系统规划

在大量机动车辆还没有条件转移到城市地下空间中去行驶以前，解决地面上人、车混

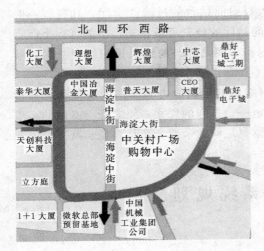

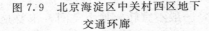

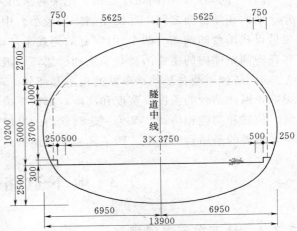

图 7.9　北京海淀区中关村西区地下　　　　图 7.10　青岛胶州湾海底行车隧道建筑限界
　　　　交通环廊　　　　　　　　　　　　　　　　示意图（三车道）

行问题的较好方法就是人走地下、车走地上。虽然对步行者来说，出入地下步行道要升、降一定的高度，但可以增加安全感，节省出行时间和减少恶劣气候对步行的干扰。地下步行系统一般修建在中心区、大型交通换乘枢纽等城市重点地区，是城市步行系统的重要组成部分。建设地下步行系统对于解决城市交通问题，进一步提高城市的运行效率具有积极的作用。

　　我国现有的城市地下过街道，多是单纯为解决交通问题而独立建造的，与地面街道的改造和地下空间的综合利用没有联系起来，以致在某些情况下，可能成为城市再开发的障碍。若能结合过街通道的建设，在地下空间中适当安排一些饮食、购物和休息设施，对在广场上活动的人群会提供许多便利。在国外，地下过街通道多与地下商业街、地下停车库等结合在一起，发挥综合的作用。

### 7.3.2.1　地下步行系统的组成

　　步行化是 20 世纪下半叶城市生态化发展的一个重要趋势，我国在城市中心区地下空间开发利用过程中，地下商业街往往和地下连接通道、广场等相联系形成地下步行系统。地下步行系统的建设，激发了区域活力，将城市的地下公共空间联成系统，增强了城市的内聚力，使其成为地下空间的重要组成部分，成为体现对人关怀、改善城市环境的重要标志。

　　地下步行系统的空间基本要素首先包含地下步行交通空间和地下公共空间，而商业、娱乐等功能空间的融入，则是对地下步行系统中人流所蕴含的商业和社会效益的综合开发利用。反映在实体要素上，主要包括地下步行商业街、下沉式广场、地下步行连接道、地下中庭、交通建筑地下人流集散层，如地铁站的站台层、部分可以步行穿越的地下室等。

　　地下步行系统除了是一个具一定规模的，集购物、娱乐、休闲、交通于一体的室内步行系统，同时在其内部还通常附以灯光照明、小品雕塑及其他使人赏心悦目、心旷神怡的外部环境因素。地下步行系统的附属构件，包括步行通道指示图、休息桌椅、绿化设施、城市雕塑、灯饰、宣传广告栏等。

地下步行道有两种类型，一种是供行人穿越街道的地下过街横道，功能单一，长度较小；另一种是连接地下空间中各种设施的步行通道，例如地铁车站之间，大型公共建筑地下室之间的连接通道，规模放大时，可以在城市的一定范围内（多在城市中心区）形成一个完整的地下步行道系统。

### 7.3.2.2 地下步行系统的平面布局

本节主要对地下步行系统平面布局原则和模式进行简要概述。

1. 地下步行系统平面布局原则

（1）以整合地下交通为主。以地铁和地下停车库为代表的地下机动车动、静态交通体系，是城市中心区发展的必然，而采用这些地下交通方式的人们，需通过地下步行系统实现和地面各种交通方式之间的便利换乘，城市整体效率才能体现。

（2）体现城市功能的复合。地下步行系统首先提供步行交通功能，同时地下步行系统内也必须有繁荣活跃的街头生活，不管什么时候，如果里面人太少，就可能让人觉得不安全。把一些其他城市功能与地下步行系统相结合（如与商业结合形成地下商业步行街），一方面可以将人流吸引到地下，另一方面可以充分发掘这些人流潜在的商业效益。为此，在地下步行系统平面布局中应体现这种城市功能的复合。

（3）力求便捷。地下步行设施如不能为步行者创造内外通达、进出方便的条件，就会失去吸引力。在高楼林立的城市中心区，应把高楼楼层内部设施（如大厅、走廊、地下室等）与中心区外部步行设施（如地下过街道、天桥、广场等）衔接，并通过这些步行设施与城市公交车站、地铁站、停车场等交通设施相连，共同组成一个连续的、系统的、完善的城市交通系统。

（4）环境舒适宜人。现代城市地下步行系统并不是人们传统印象中单调、黑暗的地下通道。通过引入自然光线、人工采光和自然通风与机械通风系统的结合，地下步行环境及人的舒适度将得到极大改善，这些改善使地下步行系统的平面布局更加灵活多变，而平面布局的丰富将使地下空间富有层次和变化，内部空间品质得到提升，从而会吸引更多的人进入地下空间。

（5）重视近期开发和远期规划相结合。地下步行系统的形成是个长期综合的过程，加拿大蒙特利尔地下步行系统用了近35年的时间才有今天的建设规模。因此，在地下步行系统建设时应根据实际情况确定近期建设的自我完善，同时考虑将来与整个地下步行系统的衔接。为此地下步行系统平面布局应反映系统形态发展的趋势，避免因部分完整而造成整体的零散。

2. 地下步行系统平面布局模式

地下步行系统从平面构成要素的形态来看，主要是由点状和线状要素构成。由于所组成的城市要素有其各自性质和特征，在系统中的作用和位置也不相同，相互联系的方法和连接的手段也趋于多样，地下步行系统的平面构成形态有多种。针对城市区域内地下步行系统各要素连接形成不同的平面形态，通过"点"（各实体及空间结点）与"线"（地下步行道、街）在步行系统内组合成不同形态的分析，总的来说可分为以下四种平面布局模式：

（1）网络串联模式。在地下步行系统中，由若干相对完善的独立结点为主体，通过地下步行街、步行道等线形空间连接成网络的平面布局形态。其主要特点是在地下步行网络中的结点比较重要，它既是功能集聚点，同时也是交通转换点。因此每个结点必须开放其边界，通过步行道将属于同一或不同业主的结点空间连接整合，统一规划和设计。任何结点的封闭都会在一定程度上影响整个地下步行系统的效率和完整性。这种模式一般出现在城市中心区中将各个建筑的地下具有公共性的部分建筑功能整合成为系统。其优点在于通过对结点空间建筑设计，可以形成丰富多彩的地下空间环境，且识别性、人流导向性较好，但其灵活性不够，应在开发时有统一的规划。图 7.11 是网络串联模式示意图。

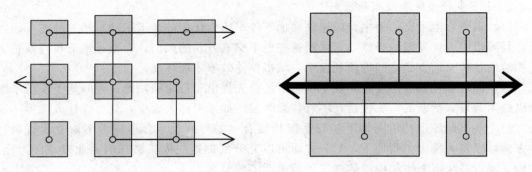

图 7.11　网络串联模式示意图　　　　　图 7.12　脊状并联模式示意图

　　（2）脊状并联模式。以地下步行道（街）为"主干"，周围各独自结点要素分别通过"分支"地下连通道与"主干"相连。其主要特点是以一条或多条地下步行道（街）为网络的公共主干道，各结点要素可以有选择的开放其边界与"主干"相连。一般来说主要地下步行道由政府或共同利益业主团体共同开发，属于城市公共开发项目，以解决城市区域步行交通问题为主，而周围各结点在系统中相对次要。这种模式主要出现在中心区商业综合体的建设中。其优点是人流导向性明确，步行网络形成不必受限于各结点要素。但其识别性有限，空间特色不易体现，因此要通过增加连接点的设计来进行改善。图 7.12 是脊状并联模式示意图。

　　（3）核心发散模式。由一个主导的结点为核心要素，通过一些向外辐射扩展的地下步行道（街）与周围相关要素相连形成网络。其主要特点在于核心结点是整个地下步行网络交通的转换中心，同时在很多情况下也是区域商业的聚集地，核心结点周围所有结点要素都与中心结点有联系。相对而言，非核心结点相互之间联系较弱。这种模式通常在城市繁华区广场、公园、绿地、大型交叉道路口等地方，为城市提供更多的开放空间，将一些占地面积较大的商业综合体利用地下空间进行开发，同时通过区域地下步行道（街）同周围各要素方便联系。其优点体现在功能聚集，但人流的导向性差，识别性也比较差，必须借助标识系统和交通设施的引导。图 7.13 是核心发散模式示意图。

　　（4）复合模式。城市功能的高度积聚使地下步行系统内部组成要素比以前更加丰富。以追求效率最大化为目标，在地下步行系统开发中，表现为相近各主体和相应功能的混合，开发方式趋于复合。体现在地下步行系统的平面中就是以上三种平面模式的复合运用。在不同区域，根据实际情况采用不同的平面连接方式，综合三种模式的优点，建立完善的步行系统。目前，相当一部分具有一定规模的步行系统都是采用各种方式的复合利用。图 7.14 是复合模式示意图。

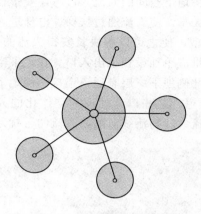

图 7.13　核心发散模式示意图

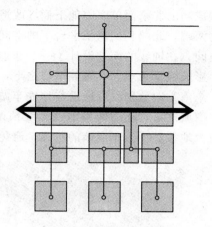

图 7.14　复合模式示意图

### 7.3.2.3　地下步行系统规划要点

1. 清晰的内部流线组织

由于地下空间与外界环境缺乏有机联系，易造成人们与外部空间意象脱离，使人们难于对地下步行系统的规模、形状、走向以及和邻近建筑之间的关系等形成全面清晰的印象，因此地下步行空间的人流组织应解决由于多功能复合化而出现的多股流线，多向进出口，内外交通连接等问题，以增强空间的有序性、导向性与可识别性。应使顾客顺畅地浏览选购商品，避免死角，并能迅速、安全地疏散。地下步行系统中内部流线组织分为水平交通组织和竖向交通组织。水平交通组织的作用是引导人流，通过街道空间的缩放、与出入口的对位关系、地面材质的变化，使人能容易判断出自己所处的位置与出入口的空间关系。同时，所有水平流线必须和各层的竖向流线联系便利而且明确。竖向交通组织的目的是安全、快速地运送和疏散乘客。竖向交通的处理必须考虑顾客流线，注意入口与垂直交通的联系。一般情况下，将主要垂直交通设在平面的几何中心，且应靠近主要入口。

2. 地下步行系统与城市交通换乘系统的衔接

地下步行系统的可达性依赖于完善的地下交通设施，地下行人交通接驳设施主要是以地铁为主的综合交通枢纽。由于运行车辆数量的增加和用地的日益紧张，使得现代交通换乘多采用立体化的方式解决人车分流。因此，对地下步行系统与城市交通换乘站点进行合理衔接，能提高地下空间的整体利用率，方便行人出行。在进行地下步行系统与换乘系统衔接设计时，需考虑当地铁通达换乘枢纽地下，可通过垂直交通与处于其他层的交通换乘点相联系，地下步行系统与城市主要交通站点要尽量相连，地下步行系统的各个接口与停车场（含汽车和自行车）进行必要连通，地下步行系统及其各个换乘点与城市人群出行模式相一致等。

3. 地上与地下步行系统的出入口位置处理

地下步行系统出入口的设置对商业设施及人流量也会产生影响。出入口的设计对人流的分布有很大的影响，尤其是某些入口争去了人流，商业设施因此获益。不同用途的入口布置应有区别，地下街入口有的供行人和顾客使用，有的供工作人员使用，有的供进出货物使用，对这些入口应进行区别布置和处理，增加方向诱导能力。图 7.15 是在这方面处理比较成功的北京西单商圈地下商场改造工程，它将地下空间的人流入口考虑安排在南北主轴的两端，北端利用高架平台下的空间安排入口大堂，使人流通过扶梯、电梯进入地下商业空间；在轴线的南端设计了一个通透的玻璃造型，使之可以解决长安街人流的集散，同时不影响视觉景观。在东侧平台之下，则为货物供应单独设置了出入口。在地下空间的西南、东南方向分别设有通道与地铁车站连通，西北侧地下一层有通道连接两侧地下商业街。在商城之下，还为两条地铁干线预留了连接通道。这些口部处理和立体化的分流设施，极大地缓解了人车混杂的状况，避免了办公人流、货物流线对购物人流的干扰。

图 7.15　北京西单商圈地下商场改造工程

　　**4. 建设步行系统立体化**

　　步行交通的立体化是把不同性质的交通流组织到垂直方向的不同平面中，然后用垂直交通工具使之相互联系，不产生干扰并增加道路通行能力的做法。随着城市空间综合开发利用的进程，与城市建筑、机动交通、空间开发相交织，城市中以人行步道为主干的公共空间系统势必走向立体化发展的道路。地铁站建设拉动地下空间综合开发，在地下形成步行商业街，并与周边地段内主要地下空间、地下停车场串联起来；另外，建筑物内的电梯、自动扶梯等设施，可以连接地下交通设施（如地铁）以及地上的商场、办公楼等地点，地上、地面、地下三个层次通过各种垂直交通设施相互配合，彼此补充，构成了一个地下交通中心向四面八方延伸的形态，并形成了立体化的城市步行空间体系，使城市空间产生更大的聚集效益，同时也提高了整个地区的防灾抗灾能力，扩大了城市容量。

　　**5. 地下步行系统内部空间环境设计**

　　地下步行空间的建设和综合性开发，既不是将不同使用功能进行简单而孤立的叠加，也不是仅仅从内部造型的角度进行规划设计，而是必须根据实际情况合理地组织地下步行系统内部空间。可以充分利用高差组织、水平引导、节点放大、空间序列等技巧进行空间安排，从视觉上减少单调、压抑的感觉，有节奏地营造步行空间的高潮点。另外，由于城市地下空间与城市地面空间相比缺少阳光，人生活在其中往往会感到有些不适应。为了使地下空间更适宜于生活和工作，很有必要对其进行人文环境规划，把人文的东西融入环境之中，在开敞空间设置富有人情味设施，从而改善和提高地下空间视觉环境质量，提高地下空间环境的文化价值。

近年来，随着我国城市经济的蓬勃发展和城市建设的突飞猛进，城市地下空间的开发利用不断加大，大型或特大型的地下商业设施通过地下通道或是结合地铁站、火车站，在地下层与周围商业区的地下空间联成一体，形成城市商业网络的地下步行交通系统。因此，对地下步行系统规划设计进行探讨是非常有必要的，其目的在于创造多元化、多层次、有机的地下空间，使地下步行系统能够适应网络发展和可持续发展的需要，最终使地下空间和地面空间达到真正意义上的融合。

# 7.4 地下静态交通系统规划与设计

"停车难"的问题就是城市的静态交通问题。静态交通的概念是相对于动态交通而言的。动态交通主要研究城市中车辆的行驶问题，静态交通则是由各种车辆在交通出行中的短暂停车，以及在停车场停车所组成的一个总的概念。一个完善的城市道路交通系统，应由完善的动态交通和静态交通两个子系统所共同组成。合理的静态交通管理系统在战术上可以维持动态交通的畅通；在战略上，则有利于控制市中心区的交通需求总量，是调整交通出行的空间分布、时间分布与出行方式分布的重要手段。

按停车库服务对象的不同，从宏观上可以分为社会公共停车库和地下自备车库。社会公共停车库是为不断增多的以私人小汽车为主的小型汽车在使用过程中（工作、业务活动、购物、娱乐活动等）提供暂时的停放场所，具有公共使用的性质，同时也是一种市政公用设施。地下自备车库是车库所有者自己使用的汽车库，主要是指住宅小区内专供户主使用的汽车库和某些宾馆、饭店、写字楼等直接为本单位的旅客、顾客和职工服务的汽车库。

国外一些较发达国家对于解决静态交通问题，是随着城市车辆的增加和城市中心集约化程度的不断提高而逐渐发展的，解决的途径大体说来经历了三个阶段：①道路上直接停车阶段；②地面停车场或停车楼阶段；③地下停车场阶段。

积极利用地下空间资源发展地下静态交通同发展地面汽车库相比，虽然建筑投资大、工期长，直接经济效益小，但从城市的整体规划看，综合经济效益很高。其优势在于：

（1）地下停车容量受到的限制较小，位置选择的灵活性大，在城市中心区，地下停车库的主要优点是能节省城市用地。据有关资料介绍，如果以露天停车场占地面积为1，则3层斜道式停车楼占地面积为0.65，6层机械式停车楼占地面积为0.32；而地下斜道式停车场占地面积仅为0.15。从停车位置到达出行目的地适当距离为300～700m，最好不超过500m，这样的位置要求在城市的中心区最好的解决办法就是建设地下停车设施。

（2）停车容量可适当增大和提供优美的地面环境。在地面空间相当狭窄的情况下能够提供大量的停车位。如美国洛杉矶波星广场地下停车库共有3层，拥有2150个停车位，地上被修复为公园和水池，提供了一个良好的城市公共场所环境。

（3）车库的位置很少受限制。在地面没有空间的情况下，可满足停车场合理服务半径的要求，这一点在用地紧张、车辆较多的大城市尤为重要。

（4）在寒冷地区，地下停车可以节省能源，在防护上有明显的优越性。

## 7.4.1　地下停车系统规划与设计

城市动态交通的路网结构，往往成为一个城市结构的骨架。城市结构可以概括为多种类型，一些历史较久的大城市以团状结构为多，以旧城的网格状道路系统为中心，通过放射形道路向四周呈环状发展，再以环状路网将放射形道路连接起来。这样，每天从城郊流向市中心区的交通量很大，通勤职工常超过百万，小汽车也数以十万辆计，再加上购物和其他业务活动的交通量，使停车的需求量集中在中心区内。

中心区的步行化对于规模不太大的商业区来说是适宜的，在步行区内顾客完全解除对交通安全的顾虑，有利于促进商业繁荣。如果环路以内的面积较大，步行距离较长，则可从环路上引入支路通向步行区边缘，在支路终点布置停车库，车辆停放后人可立即进入步行商业区。

中心区的停车需求基本上有两种情况，一种是短时停车（例如 1～2h），如购物、文娱、业务活动等；另一种是长时停车，在中心区工作的职工，需要停车一个工作日。对于短时的停车需求，应尽量在中心区内给予满足，而对于通勤职工，则要求在到达中心区边缘时将私人小汽车停在公共停车库内，然后徒步或换乘公交车前往工作地点。这两种停车方式可通过制定不同的收费标准加以控制，例如在中心区内停车 2h 以上时收费陡增，就可使长时停车者把车停到收费较低的中心区边缘的停车库中。比较理想化的停车库分级布置方式见图 7.16。图中停车库共分三级：在高速公路内侧布置大型长时间停车库，供通勤职工使用，停车后换乘公共汽车进入中心区；部分车辆可从高速道路转到一条分散车流用的环状路上，然后停放在环路附近的中等时间停车库中；再从环路上分出若干条支路，车辆沿支路可直达市中心区的最核心部分或步行区，停放到短时间停车库中。图 7.16 是解决城市中心区停车难问题的三种停车设施布置图。

停车设施系统的布置，应避免使城市交通量在中心区过分集中，但又不能因限制停车而影响中心区的繁荣，这就需要从城市结构的调整到道路网的总体布局来保证这一规划原则的实现。停车设施的布局如能适应这个原则，才有可能较好地解决城市静态交通问题，并与动态交通形成一个有机的整体。同时，通过停车设施的调节作用，还可控制个人交通量，使之与公共交通量保持合理的动态平衡。

## 7.4.2　城市居住小区地下停车规划设计

居住小区停车场布局规划是停车规划的重要组成部分，它受限于有限的区域资源条件、停车者的行为和停车服务等因素。当前居住小区停车场布局规划面临的突出问题是：如何在有限的居住区内对停车场进行合理的规划布局，最大限度地提高停车设施服务水平，缩短停车步行的距离，合理组织居住区的交通方式。

### 7.4.2.1　居住小区地下停车库的规划及选址

居住小区地下停车库的规划布局，应当和城市人防设施结合起来，充分考虑平战结合

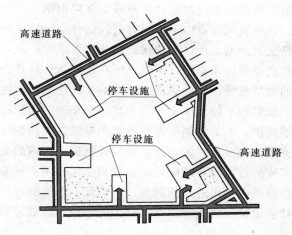

城市中心区周围的高速公路
与停车设施系统布置

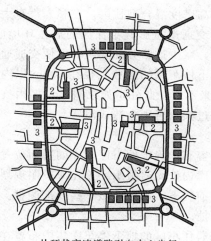

从环状高速道路引向中心步行
区边缘的支路与停车库的布置
1—环状高速公路；2—支路；3—停车库

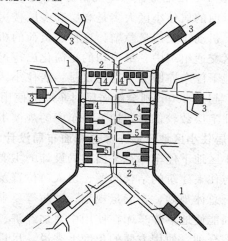

城市中心地区停车设施的分级布置
1—高速公路；2—中心区环形道路；3—长时间停车库；
4—中等时间停车库；5—短时间停车库

图 7.16 解决城市中心区停车难问题的三种停车设施布置图

的作用，在发生灾害时能起到防灾作用。发挥地下工程固有的防护性能，对地下停车场的出入口部分作适当的防护处理，使其成为城市防灾组成中具有一定抗灾、抗毁能力的空间部分。

**1. 居住小区地下停车库规划的主要内容**

确定居住小区的用地位置、范围；确定小区规模，即确定人口数量和用地的大小；确定小区的停车位需求量，合理选择地下停车库的位置和布局；确定合理的停车方式、停车场的泊位规模、分布和布置方式；选择地下停车库的合理建造形式，分析相关情况下对小区居民的交通影响。

**2. 居住小区地下停车库的选址及布局**

居住小区的地下停车库选址应从住区的总体上进行把握，按照整个居住小区的住宅建

117

筑分布情况和交通流线情况来做出相应的选择和布置，并应根据不同区域的人口密度、车流大小作出适当的调整。具体应该注意以下几个方面：居住小区地下停车库的选址应符合小区总体规划、小区道路交通规划、小区环境保护和防火要求等；地下停车库的选址应根据居住小区内部的水文地质等条件来确定，尽量选址在地质条件较好的地段内，避开地质断层及可能滑坡等不良的地质地带，以确保地下工程的安全性和经济性；选择在小区内部留有大面积空地的地方，如果地下停车库零散分布且每个车库的面积都很小，那么它们容纳车辆的能力不大，不够经济，不如将地下停车库集中布置在大面积绿地的下方；地下停车库的出入口应布置在宽敞、视线良好的地方，并且要根据小区内的交通组织来确定车行出入口的位置；地下停车库的排风口不朝向住宅建筑和小区休闲广场等居民日常休息和运动的地方，并应该根据当地风向作出适当的调整，以确保小区的空气质量；应根据居住小区的人口密度、居民的社会地位、收入等条件估算出所需停车位数量和方式，进而确定出地下停车库的规模和类型。

　　3. 对居住小区地下停车库规划选址

　　我国目前的居住小区大多是高层和多层楼房的高密度混合型住区，在私人汽车大量进入住区后，机动车交通量急增，这种超负荷的机动交通严重影响了住区的居住环境质量。因此在住区交通组织中，最迫切的是简化出行过程，减少道路分配层次，方便交通通行。

　　对于地下停车库服务半径建议是：居住小区地下停车库的服务半径在 200m 以内是较为合适的，超过 200m 则会给居民对车库的使用带来不便。此外，如果居住小区内汽车数量较少，住宅层数较低时，地下停车库的规模不宜过大，否则会造成浪费。

### 7. 4. 2. 2　居住小区地下停车库总平面布局设计

　　居住小区地下停车库总平面布局设计的主要内容有：确定地下停车库的平面位置、规模、车库与住宅建筑的结合问题、出入口位置及车库内外交通组织。首先应按照规划条件和要求进行总体规划，在满足规划、消防等要求的前提下，可灵活做一些局部调整。合理的平面布局能使地下停车库在使用中更加经济、便捷。

　　从经济合理、使用方便的角度上来说，尽量把居住小区的地下停车库集中布置在一块较完整的地面下，因为集中布置的地下停车库不仅在规模和停车数量上达到了需求，也在使用和管理上较为方便。在居住小区整体规划的时候，就应该把地下停车库的选址、规模和布局考虑在内，避免在住宅建筑设计完毕后随意将地下停车库放入地下的零散空间，这样既不利于土地的合理利用，也使得停车库在使用和管理过程中不够科学和人性化。

　　综合来说，居住小区地下停车库总平面布局应该遵循以下两点：①在条件允许的情况下，将住宅建筑沿小区中心绿地周边布置，将地下停车库置于小区的中心绿地下方，这样不仅能为居住小区留出足够丰富的绿化空间，创造层次多变的小区景观，也能给地下停车库的设计带来方便；②如果条件不允许小区住宅建筑沿绿地周边布置，也可以适当将几组住宅建筑巧妙组合布置，将节省下来的地方和大面积的绿地相结合，用于建造地下停车库。

# 第8章　城市地下市政公用设施系统规划

## 8.1　城市市政公用设施概况与存在的问题

　　促使城市地下空间开发利用的根本原因，在于城市化引起的人口规模激增与城市公用设施相对落后之间的矛盾，人口规模的激增要求城市不断地更新、改造城市公用设施，而地下空间往往又是公用设施的收容空间，因此公用设施的更新、改造刺激了城市地下空间的开发利用。

　　城市作为一个有机的整体，其间的各子系统都是互相联系的，这就要求研究城市时应当采用系统论的方法与观点，而不应该将其分割开来研究，具体来讲，当一个城市进行总体规划时，地下空间规划作为必不可少的一项，应与各公用设施的分项规划互相渗透，互相联系；同样，在进行城市地下空间规划时，应在城市总体规划的规划原则指导下，充分利用地下空间的优越性，尽可能科学、合理地收容各公用设施，使其在城市的建设、发展过程中发挥更为重要的作用。

### 8.1.1　概况

　　城市公用设施，在我国也称市政公用设施，是城市基础设施的重要组成部分，是城市物流、能源流、信息流的输送载体，是维持城市正常生活和促进城市发展所必需的条件。

　　城市公用设施一般包括供水、能源供应、通信以及废弃物的排除与处理四大系统。供水系统包括水源开采，自来水生产，水的输送的沟渠和渠道，加压泵站等；能源供应系统包括煤气、天然气和液化石油气的输送管道和调压设施与装瓶设施，热力（蒸汽、热水）输送管道和热交换站，电力输送电缆和变电站等；通信系统包括市内电话及长途电话的交换台和线路，有线广播和有线电视的传送系统等；废弃物的排除与处理系统包括生产和生活污水以及雨水的排除与处理系统，生产和生活固体废弃物（垃圾、粪便、废渣、废灰等）的排除与处理系统。城市公用设施的建设是随着城市的发展，从单个设施发展成多种系统，从简单的输送和排放到使用各种现代科学技术的复杂的生产、输送和处理过程。图8.1是一般情况下城市市政公用设施的布置情况。

　　因此，一个国家或一个城市的公用设施普及率和现代化水平，在一定程度上反映出该国或该城市的经济实力和发达程度。同时，先进的城市公用设施对城市的发展和现代化也可以起到很大的推动作用。

　　城市公用设施作为城市赖以生存和发展的基础，在形态上具有以下特点：设施以带状存在，即以道路为主线，其他设施附着于道路两侧，或埋设于道路地下，或置于地上，或架于空中；产品和服务不可储存，产品和服务具有不间断性，无法储存，只能采用储备设施储存以备调峰，目前国际上愈来愈多地采用地下储存设施来储备；为整个社会、城市所

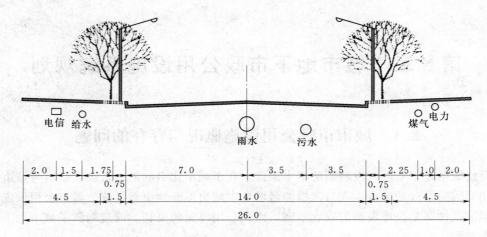

图 8.1　城市市政公用设施布置示意图（单位：m）

共用；设施间既可以相互制约也可以相互替代。

## 8.1.2　存在的问题

我国的城市公用设施在新中国成立后的 60 多年间，进行了相当规模的建设和改造，但是公用设施的标准和普及程度，都还处于较低的水平。

### 8.1.2.1　城市公用设施存在的矛盾和问题

#### 1. 供需关系

城市公用设施的建设对于一个系统来说，是一次性的。当某个系统形成一定的容量、能力和规模后，在几十年的使用寿命期内，其设备、管线口径、线路走向等都已相对固定，不易改变，然而城市对公用设施的需求却随着城市人口的增长和城市规模的扩大而增加，因此经过一段互相适应的时期后，就会出现供需之间越来越大的矛盾。为了缓解这一矛盾，只能增建新的系统，或改建、扩建旧系统。

#### 2. 布置方式

多数公用设施系统是随城市发展逐步形成的，因此往往自成体系、分散布置，互相之间缺乏有机的配合；在一个系统内部，各个环节之间也可能不够协调，例如在排水系统中，处理能力往往小于排污能力等。分散布置是一种落后的方式，与城市的日益集聚化、社会化和现代化趋势不相适应，也不符合综合利用城市地下空间的原则，所以应逐步加以改进，向综合化布置方式发展。布置方式问题的另一方面是管、线的埋设和有关设施的地下化。到目前为止，除少数管道布置在管沟中外，大部分管、线均直接埋设在土层中；为避开建筑物基础，多沿城市道路铺设，不但维修困难，还占据了道路以下大量有效的地下空间，缺少适应发展的灵活性。

#### 3. 系统的事故问题

公用设施系统的事故频繁，一方面表现为设施能力长期不足，超负荷的运行使陈旧的设施经常发生事故；另一方面，由于分散直埋在道路之下，检修时反复挖、填道路，影响城市交通。这种城市道路被反复挖、填的现象，在国内外一些大城市都能见到。

120

4. 对环境的影响

城市的环境污染主要是大气污染和水质污染，其原因是多方面的，由于公用设施能力不足和系统不配套而造成的一次和二次污染是重要因素。

5. 管理体制

城市公用设施在发展过程中，逐渐形成了每个系统的规划、设计、施工、运行和管理的独立体系，由市政当局以及私人企业分头主管。这种分工虽然促进了系统的专业化，但是在总体规划、综合布置、资金分配和协调各系统之间的矛盾等方面造成不少困难，出现种种弊端。因此，城市规模越大，社会化程度越高，就越需要对公用设施系统加强统一的领导和管理。

6. 资金问题

城市对公用设施的建设、运行和维护进行一定的投资，并使之与生产上的投资保持适当的比例，是维持城市正常生活和促进城市发展所必需的。投资比例反映了公用设施与城市发展之间的内在关系。如果比例适当，城市发展就较快，较顺利；如果比例过高，则一时不能充分发挥效益，比例过低，将会出现种种不协调现象。根据公用设施的特点和现实条件，采取必要措施使之适应城市发展的需要，是城市现代化进程中所面临的紧迫的，必须妥善加以解决的问题。

从国外一些大城市已经采取的措施和发展趋势看，城市公用设施的现代化主要有两方面内容：为了缓解当前主要矛盾而兴建一些单个系统的大型工程，考虑一定时期内的发展需要；为进一步改善城市环境，提高城市生活质量而研究、试验和兴建一些设施，如兴建地下综合廊道，对城市废弃物进行处理并加以综合利用等。系统的大型化，布置的综合化，设施的地下化和废弃物的资源化，应当是从根本上摆脱困境，使城市公用设施现代化的主要途径。

## 8.1.2.2 规划中存在的问题

1. 常规的规划思路、方法与城市基础设施所具有的区域性、关联性的矛盾

常规的城市基础设施各专业工程规划只进行本城市本专业的基础设施规划布局，缺乏对本专业本系统的区域研究，规划具有局限性。例如城市航空港的布局，不仅应考虑本城市空运的需求，而且还应考虑本区域其他城市的需求，以及航空港正常运营所涉及的客源、通航线路、航班量等因素。只有经过综合分析研究，才能使航空港真正发挥效用，满足本城市的需求。又如城市防洪工程设施规划与建设不仅受本城市周围地形、河流等因素影响，而且还受城市上游和下游地区河流水系、地形地貌的影响。因此，一个科学、合理、可靠的城市防洪工程规划须与上下游地区的防洪统筹考虑，才能达到经济、安全的目的。支撑整个城市经济社会活动，需要各项城市基础设施彼此协调、共同承受。如城市给水、排水工程，不仅具有本专业系统区域性的因素，而且两者之间彼此关联，相互影响，缺一不可，两者构成城市的水系统。城市的交通、水、能源、通信、环卫、防灾等各系统相互关联，共同承受由相同的城市人口规模、经济总量等经济社会因素产生的城市基础设施负荷量。因此，只有综合研究城市基础设施的区域性、关联性以及本专业的系统性，才能有效地发挥各项设施的作用。

常规的城市基础设施工程规划缺乏研究城市基础设施的区域、关联性，是导致部分城

市基础设施滞后，部分设施过度超前的原因之一，不利于城市基础设施整体效益的发挥。因此，常规的基础设施工程规划的思路、方法有待改进、完善。

在编制城市总体规划、控制性详细规划或修建性详细规划时均不同程度地配套有相应的基础设施规划。如在控制性详细规划中一般均要求有相应的道路系统规划图，综合交通规划图，绿化系统规划图，公共服务设施规划图，给水、消防工程规划图，雨水、防洪工程规划图，污水工程规划图，供电工程规划图，电信工程规划图，燃气工程规划图，环保、环卫设施规划图等作为规划管理文件。但在实际工作中，仍存在着不少问题。

**2. 原始资料不全**

基础设施里的各种管线工程都会埋设于地下，或架空设置，且早期的基础设施建设往往都带有一定的随意性，缺少规划管理，这不但造成了人们对基础设施的忽视，更给现状基础资料的管理带来了麻烦。尽管现在地探技术越来越先进，但很多开发商或政府部门却不愿意投资采集现状资料。基础资料不全，使规划工作难以开展，也令规划成果可操作性降低。

**3. 受重视程度不够**

基础设施无论在规划阶段，还是审批阶段，或是到后期的建设及管理阶段都未能受到应有的重视。基础设施提供的都是现代人生活中的必需品，正因为如此，规划与建设时人们往往想当然；而另一方面，基础设施建设又往往需要超前规划与建设，才能做到使用时不落后。但在实际工作中，却未能做到统一规划，统筹建设，往往是哪里出现问题，或开发强度超过基础设施的承载力，再来改造，带来很多重复建设和污染问题。

**4. 各专业协调性不够**

基础设施建设涉及到的部门很多。每个子系统均由不同的专业部门监管，如给水子系统有给水厂、自来水公司，电力系统有电力集团，电信系统则分别有邮政局所及电信局所。虽然规划编制工作由一家设计单位完成，但无论在前期的资料收集等准备工作，还是到后期的规划审批，到最后规划文件的管理实施，各部门之间的不协调性都令整个基础设施建设系统处于混乱之中。

**5. 规划的实施性不强**

这有客观原因，也有主观原因。首先就是前面谈到的资料收集及各专业间的协调问题等，令规划成果难以在真正建设中起到指导作用。另一方面，规划人员虽然在各专业上有较高的理论水平，但往往对实际的基础设施建设缺少经验，这使得规划成果变成纸上谈兵，没有可操作性。

**6. 资金投入不足**

我国城镇基础设施建设欠账较多，加之近年我国城市每年新增人口规模都在 2500 万人左右，因此市政公用设施总体投入不足，城镇市政公用行业亏损面之大也超出了一般人的想象。最近几年，在国家积极财政政策的带动下，我国城镇基础设施建设力度不断加大，但离发达国家的水平还是差距甚远。发达国家单是环保投入就达国民生产总值的 2%～4%。因此，投入不足仍是我国城市基础设施建设的"瓶颈"。

#### 8.1.2.3 几点建议

##### 1. 完善基础设施规划报建手续

完善规划报建可以从立项、设计、审批、建设到最后的档案管理阶段对每个项目进行跟踪管理。由相关专业部门委托设计单位考虑各项目的规模及细部建设，由城市规划部门统筹考虑总体布局，确定选址。对于管线工程，则更应由城市规划部门统一管理，理顺各管线的布设，能大大减少道路的重复开挖。另外，电脑出图已基本上代替了手工出图，因此，建议规划部门完善电子报批手续，这不但能大大提高审批效率，更是有利于对城市空间的统筹考虑及规划档案的管理。

##### 2. 提高各专业部门的协调性

现在的基础设施监管部门都相对独立，并有一定的垄断性。在规划的基础资料搜集、编制阶段到最后审批阶段各部门都应积极配合，必要时，需要各级政府来统一协调，带动规划编制工作的顺利进行。

##### 3. 推进城市基础设施建设投融资体制改革

政府投资、建设、经营、管理城市基础设施一直是我国的传统做法。近年来，政府为摆脱过重的财政压力，提高基础设施建设质量和服务水平，已开始利用民营资本参与城市基础设施投资。政府开始利用监管手段来代替原来对资产的实际拥有，一定程度上减轻了原来直接建设经营管理城市基础设施的压力，取得了较好的效果。政府直接投资城市基础设施，投资决策、资金使用都由政府某部门官员决定，在一定程度上还存在政府官员任期制的短期行为。比如说，有的城市规划往往随着某个政府领导的意图而随意修改，使得基础设施建设难以按规划实施，令本来有序的规划变成无序的建设。另外，由于资金是来自政府财政预算或政府融资，因此往往考虑资金成本和机会成本较少，在工程质量、工程进度、资金使用效率等方面容易发生问题，也容易滋生腐败现象。

2002 年，建设部为了加快城市基础设施建设，开始推进投融资体制改革。建设部推出的改革措施是，充分发挥市场配置资源的基础性作用，确立企业在经营性市政公用设施投资中的主导地位，营造有利于市场要素合理流动的政策环境，保护投资者的合法权益，调动社会参与城市基础设施建设的积极性，推进城市基础设施建设投资主体多元化，投资方式多样化，项目实施市场化。积极推进城市基础设施和市政公用设施资产的经营，鼓励采用特许经营权转让、资产经营权转让、收费权转让、资产证券化以及股权转让或出售等多种方式，盘活城市基础设施存量资产，筹集建设资金，加快城市基础设施建设，努力扩大市政公用产品和服务的供应能力，满足经济发展和人民生活的需求。

# 8.2 城市市政公用设施系统的发展趋势

市政公用设施工程规划根据城市市政公用设施的需求和主要矛盾，已进行规划的思路、方法等方面的改善与探索，具有下列发展趋势：

1. 城市基础设施工程规划向区域整体方向发展

水系统、电力、电信、燃气及防洪等城市市政公用设施与区域密切相关。

城市水系统工程规划，由于受河流水系的流经区域特性以及地形地貌等因素的限定，城市给水、排水、防洪工程规划必须从流经区域范围综合研究城市水源工程、管网系统、污水处理与排放工程以及防洪工程设施等，需要该流经区域内数个城市协同规划布局上述的各项工程设施，制定该流经区域的水系统工程规划，合理布置城市引水工程、自来水厂、污水处理厂、防洪堤坝、闸等设施。有时，需要几个城市一起来规划合建自来水厂、污水处理厂等设施，这些设施成为区域性基础设施，具有为该区域数个城市服务的功能。我国已有一些城市进行这方面的尝试。

城市电力系统具有区域性的特性。无论是引入城市的电源，还是城市电厂均与区域电网密不可分。城市电源工程规划受到区域电网、城市所在区域的水系、风向、地形地貌及交通等条件的影响。城市发电厂、区域变电所布局必须与区域电网紧密结合。有些城市发电厂具有向城市供电和区域电网送电的双重功能，区域变电所具有向该区域内数个城市供电的功能。因此，城市供电工程规划的区域性研究工作已在其规划工作中占据重要的地位。

城市电信工程规划的区域性研究也已占有相当的比重。其重点研究与国家、区域现有和规划的电信干线的衔接，相应确定城市电信枢纽的位置。

此外，为了提高城市燃气的气源和质量，沿河地区和天然气产地周围区域的城市，规划采用天然气作为城市燃气气源。这些城市采用区域的天然气输送网络作为城市燃气气源。在进行城市燃气气源工程设施的布局时，必须综合研究区域送气网络布置，合理布置天然气门站等气源工程设施，确定本城市燃气管网的压力配置。

### 2. 城市市政公用设施工程规划向同步综合方向发展

城市的各项基础设施工程规划以同一的城市经济社会发展指标、人口规模、用地规模、规划期限为目标而展开规划编制工作。并且以相同的规划层次、阶段、协调各项城市基础设施的规划建设，达到协同规划、同步建设、联动开发的目的。

各项城市基础设施工程规划不仅要统一协调本专业从城市总体工程规划至详细工程规划等各阶段的规划，使其上下层次规划彼此协调，相互指导与深化完善；而且要综合协调大系统内密切相关的各专业工程规划。城市水系统内的给水与排水工程规划，应综合协调其水源净水工程设施与污水处理，雨污水排放工程设施的规划、布局，以及与消防、防洪工程设施的相互关系。

能源系统的供电、燃气、供热工程规划，应综合协调城市能耗负荷中各专业的分配比例，综合确定城市电源、燃气气源、热源工程设施的规模、容量、规划布局。城市供电工程还应考虑避免对城市电信工程设施的干扰等问题。

城市通信系统的电信、广播、电视工程规划，需要综合确定电信局所、微波站、无线电收发信区的位置、范围、规模、容量、控制高度以及微波通道的位置、宽度、控制高度等。此外，还需综合考虑城市飞机场导航系统、电力调度系统的协调。

城市防灾系统的综合指挥、专业防灾工程、医疗救护、生命线系统的综合协调，尤其是生命线系统工程直接涉及交通、供电、通信等工程专业，更需要有机结合，彼此协作。

此外，在城市总体规划、分区规划、详细规划各阶段，也需要综合协调各阶段的城市基础设施与城市规划布局、其他公共设施的关系，还要协调各项城市设施的容量、空间布局，进行工程设施和工程管线综合规划，以达到各项城市基础设施在空间上、时序上的合理分布之目的。

3. 城市市政公用设施工程规划向动态持续方向发展

城市建设是一个动态的发展过程，城市市政公用设施的需求量也在逐渐增长，需求内容也会有所变化，城市的经济实力、用于城市市政公用设施建设的投资强度也会逐渐加强。同时，由于科学技术的发展，新技术、新方法、新设备不断产生，城市建设中疑难问题随着时间延伸也会逐渐解决，或其难度逐渐减弱，为城市市政公用设施建设提供良好的条件。

城市市政公用设施建设具有周期性的特点，往往一项工程设施建成需要 1～2 年的时间，两年后才能使用，发挥作用。尔后，随着城市需求的增长，再需扩大该类设施的容量，再进行第二轮的建设。

由于市政公用基础设施建设有周期性的特征，要适应和满足城市发展所带来的对基础设施需求量的增长，基础设施建设必须超前。超前要有"度"的掌握，若超前过大，一则城市现有实力难以负担，二则基础设施建设投入产出不平衡，设施的效益发挥不足，造成浪费，有时甚至因无力偿还投资费用和贷款利息，反而给城市背上沉重的包袱。所以，城市基础设施建设要适度超前，根据工程设施建设周期和国民经济发展规划等因素，适度超前的时间以超前五年为宜，即相对应的近期建设规划期限。工程设施建设周期为两年，建成后三年可达到设计容量。届时再进行第二轮建设，再需要两年的建设周期，而这两年可允许原有的设施适量超负荷运营。待第二轮工程建设成，该类设施又具有适度超前的能量。以此循环，动态持续发展与建设。此适度超前时段恰与每五年编制一次近期建设规划期限相一致，逐步滚动完善远期规划。

城市基础设施总体工程规划与城市总体规划同步，预测年的需求和负荷，进行重大主体设施的配置布局，控制未来发展的关键点，留有可持续发展的基础和余地。但重点应在近期建设规划上下工夫，落实建设项目，并结合当前的工程科技成果，因地制宜地合理布置各种设施的用地、使用空间。

面对现实，近期建设规划不应强求五年建设项目要一步到位，马上与远期规划完全吻合，而应该要求近期建设项目能向远期顺利过渡，不埋"钉子"，不造成重复浪费即可。例如有些城市的局部地区由于地形、水文、城市形态及经济实力等条件限制，近期可采用无动力式地下污水处理站，处理该地区污水，减轻污染，有利于远期接入城市污染水处理系统，该处理站远期改作污水初步处理设施或提升泵站。虽然该地区近期污水处理效果不是最好，但能切实有效地减少水环境污染。再如有些城市的局部地区因相对独立，或近期城市燃气管道难以接至该区的情况下，该区可先建液化石油气气化站，敷设管道至用户，远期该站可作城市管道燃气的调压站或储气站。近期建设时要求选择合适的管材，满足远期城市燃气接入时对管道的压力要求，采取这种措施，可近期提高该区的居住生活水平和改善环境质量，远期能顺利过渡。

在城市市政公用设施工程规划中，应充分考虑工程设施、管线分期实施的可能性，在工程设施用地布局上要有分期实施的余地。编制工程管线规划时，应考虑分期实施的要求。如在工程管线总截面面积、总流量不变的前提下，管线布置可化整为零，便于分期实施。如某条道路下远期敷设一条 $DN1000$ 污水管道，规划时可将其分为 $DN800$ 和 $DN600$

污水管道各一条，总流量相等，有利于分期建设。由此，在规划道路横断面时，应相应留有工程管线分期实施的敷设空间。

目前，国内规划人员已在进行这方面的研究和尝试。同时，还开始进行在城市发展条件变化、城市发展空间布局调整等情况下，城市市政公用设施工程规划的适应性、持续性的研究。

4. 倡导城市市政公用设施建设向产业经营化方向发展

城市市政公用设施具有公益服务性的特征，同时也有经营盈利的条件。要保证城市市政公用设施良性持续建设，必须研究城市市政公用设施的投资、运营等内在规律，使城市市政公用设施建设逐步向产业经营化发展。因此，城市市政公用设施工程规划应考虑这方面的要求，需要研究相应的对策措施，以及设施建设的控制要求，研究设施、管线网络的利用开发和租赁，提高城市市政公用设施利用率，拓展建设资金渠道。在社会的市政公用设施工程规划中，结合居民需求和社区物业管理等要求，合理组合布置给水、排水、供电、燃气、供热、通信、环卫等设施，如社区净水站、安全保卫设施等布置应与社区物业管理紧密结合，有利于设施的合理使用与管理。

# 第9章  其他城市地下空间利用形式简介

## 9.1  城市历史文化保护区地下空间规划

我国相当一部分大中城市是具有悠久历史的历史文化名城，这些城市的旧城区几乎都具有历史文化保护价值。例如北京、南京、西安的旧城区，都具有丰富的历史文化遗存。对这一类旧城区进行的保护、开发、改造、建设，如果没有完善的、基于历史文化保护的规划作为依据，势必会对这些历史文化名城造成建设性的破坏，造成城市历史文化的缺失，而且这种破坏一旦产生，其影响是极其严重且不可逆的。令人心痛的是，这种建设性破坏或多或少的在我国大多数历史文化名城中都有存在，甚至有的还在扩大。

当对物质的需求在经历了补偿性的盲目增长后趋于理性时，人们开始注重对精神文明的需求，传统的历史文化也日益得到人们的重视。历史文化名城及其街道、建筑作为传统文化的重要载体及组成部分，也越来越受到社会各界的关注。目前，许多城市已经意识到了盲目的城市建设对城市历史文化区域会造成建设性破坏这一问题的严重性，并开始或已经对具有历史文化价值的旧城区进行了保护性规划。北京 2000 年开始的"北京旧城 25 片历史文化保护区保护规划"的制定，对北京市区及郊县的历史文化区域进行了大规模深入细致的保护规划工作，并且其中的一部分已经得到了实施。

### 9.1.1  城市历史文化保护区地下空间规划的指导思想

通过对城市历史文化保护区地下空间资源与利用的研究，确定地下空间的规模、布局和空间发展形态，统筹安排地上、地下城市各项用地，合理配置城市基础设施，处理好远期发展与近期建设的关系，达到充分合理的利用旧城区的地下空间，最大限度地减少对保护区地上建筑及街区历史风貌的建设性破坏，从而使旧城历史文化保护区得以更加合理有效的保护。

### 9.1.2  城市历史文化保护区地下空间规划的原则

城市历史文化保护区中地下空间的开发利用从旧城保护的角度来看，是对旧城历史文化保护区保护规划的补充完善；从城市建设的角度来看，旧城地下空间的开发利用又能自成系统，有其自身的特殊性。因此，城市历史文化保护区中的地下空间开发利用应遵循的原则与措施既要与旧城保护规划相呼应，又要体现其自身的特殊性。

1. 保护原则

城市历史文化保护区地下空间的开发利用应遵循历史保护原则，即开发利用地下空间时不能对文物造成不利影响乃至破坏。例如地下空间出入口等露出地面的节点的建筑形态必须考虑与旧城环境与地貌相结合，避免对环境历史风貌造成影响；文物和保护建筑周边应划出保护范围，以避免周边新开挖的地下空间对其造成影响。

2. 规模原则

对城市历史文化保护区现有的以及潜在的地下空间资源开发时，应根据地下空间的规模大小、分布情况来决定开发利用的范围和强度，对规模过小，分布过于分散的地下空间资源应避免大强度的开发。

3. 效益原则

地下空间的利用应使其效益最大化，即应根据地下空间资源所处的街区周边环境来决定其使用功能，发挥其最大的效益。

4. 系统原则

系统原则有两层含义：①地下空间的开发利用应与旧城历史文化保护区保护规划形成互补系统，完善保护区保护规划；②地下空间的开发利用自身应形成有机协调的系统。

5. 渐进原则

渐进原则是指保护规划的实施建设要采取渐进式的改造模式，循序渐进、逐步改善。同样，作为对保护区保护规划的完善，其开发利用规划也要遵循渐进式原则，只有这样，才能避免大规模开发利用建设时可能造成的建设性破坏。

## 9.1.3　城市历史文化保护区地下空间规划的措施

(1) 在勘定浅层地下空间资源范围内遇到文保及保护建筑时，应退出一定的距离，划定可开发资源的范围。

(2) 进行经济效益的预测来决定可开发的地下空间规模的界限。

(3) 成片更新的建筑用地全部利用地下空间。

(4) 少量保护修缮类建筑用地可利用地下空间。

(5) 文物类建筑及成片的保留修缮类建筑用地，可利用广场、主干道作为地下空间开发的重点。

(6) 保留建筑如果有地下空间，应充分利用。

(7) 地下空间应尽量连通，形成地下网络系统。

## 9.1.4　城市历史文化保护区地下空间规划布局

### 9.1.4.1　历史文化保护区地下空间开发利用的模式

城市历史保护区地下空间开发利用的模式一般有以下几个方面。

1. 以居住为主的保护区地下空间开发利用模式

以居住功能为主的保护区，由于居住空间对采光、通风等方面的要求，其地下空间的开发利用以浅层为主，多集中于地下一层，这样可以利用院落争取到自然采光、通风。地下空间开发时，开发区域应在文物类建筑、保护类建筑和改善类建筑开发保护范围外，以保证上述建筑的安全；另一方面，地下空间的开发应旨在最大限度的维持、恢复原有街区景观面貌，因此对四、五、六类建筑的翻新或重建应本着外观上恢复其历史原貌，内部空间及功能上进行适应现代化生活需要的改造的原则进行，所需的新增建筑面积应最大可能的向地下空间寻求。

2. 以商业为主的保护区地下空间开发利用模式

以商业功能为主的保护区地下空间的开发原则上应以深层开发为主，因为这一层次的地下空间开发对地上建筑的影响可以忽略不计，可以进行较大规模的成片开发，有利于商业功能的发展。此类地下空间开发区域的确定应根据有利于商业运营发展的原则进行，并且应尽可能地与地下交通、地铁相连接，以加强这部分商业的易达性，满足大量人流的交通疏散要求。

3. 混合功能保护区地下空间开发利用模式

混合功能的保护区，应首先根据保护区的具体情况，测算出各种功能所需的开发面积，规划各功能在保护区中的合理分布，按照居住空间以浅层开发为主，商业空间以深层开发为主的原则进行。

### 9.1.4.2 历史文化保护区地下空间规划布局

通过对国外城市地下空间利用比较发达国家的研究，如加拿大蒙特利尔、法国巴黎、美国纽约、日本东京等，不难发现，国外城市地下空间开发利用规划布局的特点如下：

（1）地下空间主要位于商业、办公集中区，地铁轻轨节点，部分街头绿地及居住区下部空间。

（2）地下空间成组团开发利用，各组团之间通过地下交通相连接，形成系统化、网络化的地下空间格局。

（3）浅层开发与深层开发相结合，近期开发与远期开发相结合。

同样，在我国城市历史文化保护区地下空间规划布局具有以下特点：

（1）以居住功能为主的保护区地下空间开发利用规划布局。以居住功能为主的保护区，其地下空间开发利用时首先以满足居住及居住配套功能所需空间为主。居住空间的布局应与地上居住区相对应，同时应处于地下空间资源范围内。通过人口测算得出实际所需的新增居住空间面积，确定出这些居住空间的竖向布局。与居住配套的其他功能所需空间按人口比例确定其数量后，根据城市居住区或小区规划的相关要求，结合保护区的实际情况进行规划布局。

（2）以商业功能为主的保护区地下空间开发利用规划布局。以商业功能为主的保护区，其地下空间开发利用时应从竖向布局着手，浅层地下空间资源以满足居住及居住配套功能所需空间为主，同时包括对采光、通风要求较高的部分商业功能，例如旅馆、商住等，其平面规划布局方法与以居住为主的保护区相同。深层地下空间资源用于大规模的商业开发，如地下商城、游乐场等，以及与之配套的仓储、设备等。

（3）混合功能的保护区地下空间开发利用规划布局。混合功能的保护区，应首先根据保护区的具体情况，测算出各种功能所需的开发面积，按照居住空间利用浅层地下空间资源，商业空间利用深层地下空间资源的原则参照前两类保护区的相同部分进行地下空间规划布局。

# 9.2 城市地下物流系统规划

为了实现城市的可持续发展，实现建设现代城市物流系统的目标，必须解决好一系列的城市交通问题，确保城市物流的通达性和时效性。地下物流系统作为一种新型城市物流系统，可以有效地缓解城市交通拥堵，改善城市生态环境，提高城市物流效率。

低碳城市建设的一方面可以修建地下快速道路，地下行驶汽车排放的尾气可以收集、处理，有利于改善环境。另一方面是构建地下物流系统。地下物流系统可以有效减少氮氧化物和二氧化碳的排放量。发达国家主要城市的货运交通占城市交通总量的 10%～15%，而货运车辆对城市环境污染则占污染总量的 40%～60%，而根据对北京的调查，北京货运交通约占地面道路的 40%，地下物流系统目前从世界范围看是比较前沿的领域，日本、美国、荷兰、德国都在通过不同的方式解决这一问题。地下物流及空间开发的研究目前比较少，但这一领域很值得关注，尽管开发地下空间初期建设投资能耗及维护投入不低，但从长远综合效益看是非常有前途的。

目前对地下物流系统的概念和标准还不统一，如荷兰称为地下物流系统（ULS）或地下货运系统（UFTS），即 Underground Logistic System 或 Underground Freight Transport System，其运载工具为自动导向车（AGV - Automated Guided Vehicle），美国称为地下管道货物运输（Freight Transport by Underground Pipeline or Tube Transport）；德国称为 Cargocap 系统，在日本称为地下货运系统（UFTS），运输的工具为两用卡车（DMT - Dual Mode Truck）。应用范围可以是城市内部，也可是城市与城市之间等。图 9.1 是德国 Cargocap 系统模型，图 9.2、图 9.3 是日本目前正在应用的 PCP 圆形、方形系统。

图 9.1　德国 Cargocap 系统模型

由于目前发展地下物流系统具有较高的自动化水平，并通过自动导航系统对各种设备、设施进行控制和管理，信息的控制具有极其重要的作用。地下物流系统可以划分为软件部分和硬件部分，软件部分主要对应物流系统的信息控制和管理维护部门，硬件部分则主要对应系统的运输网络实体，即地下物流网络。

 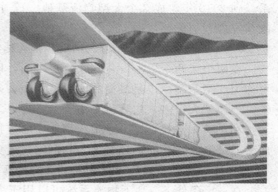

图 9.2　日本目前正在应用的 PCP 圆形系统　　　图 9.3　日本目前正在应用的 PCP 方形系统

　　最早的地下物流系统是英国建于 1927 年的地下邮政系统，长 9km，已使用了 70 多年，2008 年决定进行扩建，延长 4km，并适当增加一些运送商品的功能。从 1999～2008 年，国际上已举行了五次关于地下物流系统的研讨会，其中 2005 年的第四次在中国召开，说明我国地下空间与地下工程界已开始关注这个问题，但尚未引起物流业和交通运输界的重视。

## 9.2.1　地下物流系统的规划问题

　　城市物流系统是一项复杂的系统工程，地下物流系统作为其中的一个组成部分或一个子系统，既要与城市物流系统统筹规划，又有其独立的规划内容。

### 9.2.1.1　地下物流系统制订规划时应当思考和研究的几个问题

　　1. 地下物流系统的适用范围和服务对象

　　地下空间的环境与条件，最适于运送小型、轻便、能采用单元式包装（如木箱、纸箱、塑料箱等）的物品，而不适于运送大型或散装物品，如钢材、砂石等。从北京市的情况看，2004 年，日用品、药品、粮食、农副产品的货运量约占公路货运总量的 21.4%，重约 6000 万 t，如果这些货物中的大部分使用地下物流系统运输，则对缓解城市交通压力可以起到重要作用。因此可以初步界定：日用品（服装、鞋、纺织品、小百货、家用电器等）、药品、食品、饮品、袋装粮食、有包装的水果、蔬菜、水产品等是适于地下物流系统的货物。从而也可以明确地下物流系统的主要服务对象应当是：有大型百货商场和食品超市的商业中心或商业街；大型农贸市场和粮食、农副产品交易中心所在地。

　　2. 地下物流系统与地面物流系统的关系

　　地下物流系统是城市物流系统的一个组成部分，除运输环节的区别外，其他一些环节，如物流园区、物流配送中心、仓储和包装设施等，都可以统筹规划和建设，真正起到功能互补的作用。近几年，我国有些城市在总体规划中或者在总体规划之外，已经进行了地面上的物流系统规划，例如北京市总体规划（2000～2020 年）提出了北京公路货运主枢纽的站场布局规划，该系统由 11 个货运枢纽站组成，其中一级枢纽 6 个，二级枢纽 5 个。6 个一级枢纽分别服务于几个主要货流方向的货物运输，位于进出北京市的国道主干线上。另外，根据《北京商业物流发展规划（2002～2010 年）》，北京商业物流以大型现代化物流基地为核心，物流基地与综合性及专业物流配送区共同构成高效的物流网络体系。到 2010 年建成 3 个大型物流基地、17 个物流配送区。这些规划都应成为制定地下物流系统规划的重要依据。

3. 地下物流系统的形态、规模和位置选择

在两个或两个以上发货与收货点之间，以直线或曲线运输通道相连接而形成的系统，可称为线型系统，也是最简单的系统。当多条线状系统相连或相交时，则形成一个网状系统，规模就大得多，内容也更为复杂，可以为比较大的区域，例如城市中心区服务。作为起步和试验，建议选择一个市级商业中心进行地下物流系统的规划较为适当，因为这里地面交通最紧张，商品运输量又大，同时可避免夜间货运的扰民。

4. 地下物流系统的运输方式、运输工具和地下空间结构的选择

在一定条件下，地下物流系统可以用于大型货物的运输，例如上海市正在进行一项研究，为了解决从新建的大型集装箱码头（洋山港）将大量集装箱运出的难题，原有的一条 A2 高速公路已无法承担年 1000 万标准箱（2005 年）和 3400 万标准箱（2020 年）的运输任务，因此在考虑扩建道路的同时，正在进行地下运输隧道的方案比较。从城市地下物流系统的情况看，系统宜以小型、轻便、灵活为主，不一定都形成复杂的网络。从适于地下运输的货物构成情况看，国内外一般认为，地下物流系统承担总货运量的 30% 较为适当。至于运输方式和运输工具，建议采用自动导向车拖动的集装箱或货盘，在圆形断面的钢筋混凝土结构中行驶，系统可以按照我国现用的最小型标准集装箱 BJ-1 型（重 1t，长×宽×高＝0.9m×1.3m×1.3m）的参数，设计相应的自动导向车和隧道结构。另外，为了减少浅层地下空间中各种系统和设施在布局上的矛盾，在城市中心地区，地下物流系统可以在空间上和结构上与地下市政综合廊道、地铁隧道、地下商业街等综合在一起，统一设计，独立经营。

### 9.2.1.2　几点建议

（1）要在城市建设、物流发展规划方面为地下物流的发展创造条件。例如，在制定物流发展规划的时候，将一些物流配送中心和仓储基地布置相对集中，为进行整合创造条件，这有利于规划和降低开发成本。

（2）进行科技、生态、环保等知识的普及，正确引导人们的观念，消除人们对地下物流系统的一些错误认识。

（3）地下物流系统投资巨大，所以一定要作充分的经济和技术的可行性分析。另外要建立完备客观的评价体系，计算生态效益，核算生态损失，走可持续发展的道路。

（4）从具体实施角度来说，为了减少财政风险，提高财政可行性，应该优先选择小型的短距离的项目。

（5）制定地下物流建设相关的专项法规和技术规范，使得物流设施的建设更规范化、合法化，为地下物流的发展从体制、机制、法制上提供保障。

（6）制定一些鼓励性的政策，积极引进外资和民间资本，设置专门的部门负责地下物流项目，使地下物流建设的过程逐步走向市场化运作。

（7）进一步加强与国外发达国家在经济、技术、管理等方面的沟通与交流，充分吸收国外的先进经验与技术，同时努力做好自己的科研创新。

（8）为了实现地下空间的集约化利用，有必要开展地下物流与地铁相结合共同建设的相关研究，这样不需要重复建造地下物流系统所需要的轨道设施，从而达到"一物两用"的效果。

### 9.2.2　地下物流系统对城市发展的贡献

1. 缓解城市交通拥堵

城市交通拥堵问题一直困扰着世界各地城市，尤其是大城市。据统计，地面上 60% 的车辆是运送货物的，采用城市地下物流系统，把地面上的物流分流到地下，可以有效地缓解城市地面交通拥堵的现象。

2. 降低城市交通事故率

据统计，我国每年大约有 9 万人死于交通事故。其中城市道路交通事故在其中占较高的比重。采用城市地下物流系统，使货物直接从地下走，可以显著降低机动车出行量，减少城市交通事故。

3. 改善城市生态环境

城市道路交通引起的震动、噪声和机动车尾气是城市环境的主要污染源，地下物流系统可以实现污染物零排放，没有噪声污染，还能将原用于交通运输的部分地表还原成城市绿化带，采用该系统能大大改善城市生态环境。

4. 提高城市物流效率

城市地下物流系统具备自动、快速、准时、安全等特点，可以增强城市物流配送的快速反应能力，提高城市物流效率和服务水平，很好地解决了电子商务发展的物流瓶颈，促进电子商务的发展。

### 9.2.3　地下物流系统开发模式及网络规划与设计

#### 9.2.3.1　开发模式

地下物流系统并不是将传统的地面物流系统简单地移至地下，而是从城市可持续发展的角度出发，解决地面物流难以解决的问题。在开发的初期，城市地下物流系统将是传统地面物流系统的有机补充和完善。随着城市地下物流系统的发展，其地位有可能将替代大部分的地面系统，甚至取代城市的地面物流系统。

根据开发的不同规模和强度，地下物流系统主要有三种开发模式，如图 9-4 所示。

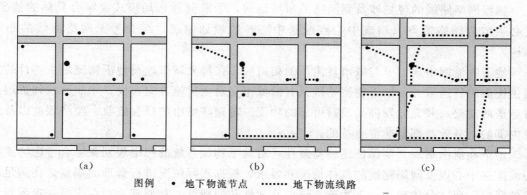

　　(a)　　　　　　　　　　(b)　　　　　　　　　　(c)

图例　● 地下物流节点　······ 地下物流线路

图 9.4　地下物流系统的三种开发模式

（a）地下独立节点；（b）地下专线系统；（c）地下物流网络

1．地下独立节点

开发单独的地下物流中心或配送中心系统，与其周围的地面物流相互联系。作为一种自身单位的处理模式，能够克服地面空间不足或开发困难等不利因素，但并未形成真正意义上的地下物流系统。

2．地下专线系统

将部分货运输送路线进行地下开发，作为专用的地下运输线路，可直接与地面运输系统连接，在结构上不被打断，直接穿越地面交通拥挤的地段，例如城市中心区。由于自身特性，在其内部一般使用无人驾驶、自动导航的运输工具，如自动导向车和两用卡车等。

3．地下物流网络

通过完整的地下物流网络连接城市的货运中心，甚至货运中心本身亦作为地下物流网络的一部分。此种模式与地下专线系统一样，能够提供独立的运载系统，从而不被其他的交通所打扰。系统内部的自动化控制使得专用承载工具的使用得以进一步完善，多功能运输工具也能在系统内运行，由于该网络系统主要开发在城市内部，因此其节点（物流中心、配送中心）要根据实际情况进行选择性的开发建设，并非完全要求建在地下。图 9.5 是地下物流系统的网络模式示意图。

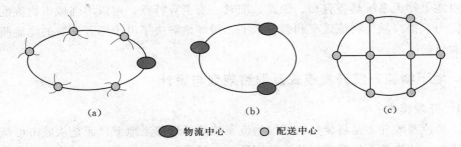

物流中心　　　配送中心

图 9.5　地下物流系统的网络模式示意图

### 9.2.3.2　地下物流系统网络规划与设计

1．地下物流系统网络规划的原则

物流网络路线的规划涉及到网络的布局结构，采取何种布局模式要结合具体的情况，还必须结合网络节点（物流中心或配送中心）的规划情况，综合考虑网络路线的布局结构。

地下物流网络规划要与城市货流预测相适应，在特大城市建设地下物流最主要目的是提供优质的货运服务，地下物流系统只有沿城市交通主货流方向布设，才能照顾到货运及时运送的需要，并充分发挥其及时可靠的功能。对提高城市的社会效益、经济效益以及企业内部的财务效益都是非常有益的。

地下物流网络规划要保证运输高效性，对地下物流系统的网络规划要综合考虑物流中心或配送中心以及网络路线的具体情况和要求，根据实际情况进行合理的规划。在满足需求的同时，要充分体现出地下物流系统的高效性和便捷性。其要求为：在满足一定容量的前提之下，尽量以最短路径进行运输；路线的布置尽量均匀，与城市的地面运输干线相互协调，互为补充，避免造成交通堵塞；同时还应该考虑到物流在节点之间运输的并行性。

地下物流网络规划要充分考虑开发难易程度和投资费用，地下物流系统在建成之后所需的维护较之地面工程更小，同时地下物流系统还具有地面系统无法比拟的社会效益和环境效益，但其开发建设与地面工程的开发相比具有投资大、建设时间长的特点。因此开发时应充分考虑其经济性，在经济方面要最大限度地降低投资费用，由于进行地下空间的开发费用比在地面开发要高出很多，必须尽可能地合理开发，以达到最优的成本—费率结构。

地下物流路网规划必须符合城市总体规划，根据城市总体规划和城市交通规划，做好地下物流系统路网规划是特大城市总体规划的重要组成部分。交通引导城市发展是一条普遍规律，地下物流系统也不例外。其规划和建设，可带动沿线住宅和商业区的开发和升值。国际上成功的作法是先修路、后建房、政府修路、商家建房。政府可以通过规划建设地下物流系统，促进沿线房地产市场的发展，带动地皮升值，将沿线地皮升值所带来的效益用以投入新的市政建设，滚动发展。交通设施的完善，也将明显地改善投资环境，从而使城市的发展走上良性循环的轨道。另外，地下物流路网规划应与城市的远景规划相结合，要具有前瞻性。要尽量沿城市主干道布置，线路要贯穿连接城市交通枢纽、对外货运交通中心（如码头、火车站、飞机场等）、商业中心、大型生活居住区等货运量大的场所。

**2. 构架地下物流系统网络的步骤**

在建立地下物流网络模型之前，要对城市地理信息进行深入的调查和细致的分析，以获取相关的信息，调查和分析的主要方法有实地考查，资料搜集，网上查询，模拟计算等。要获取与地下物流开发相关的地理信息资料，很大程度上要借助城市地理信息系统（GIS），通过 GIS 能够较为快捷的得出城市对地下物流有需求的地区，并且能够借助 GIS 系统对各个地区展开分析。

通过完善的城市地理信息系统获取城市用地相关信息，以确定与地下物流系统相连接的地区，重点分析与物流联系密切的工业用地和商业用地。在以上分析的基础上进一步分析与物流系统相关的用地分布情况，将工业用地和商业用地进一步划分，如可将工业用地分为生产用地、仓储用地和办公用地。根据用地分布情况，就可以得出对地下物流系统感兴趣的区域。

综上所述，要建立物流网络首先要把规划用地转化为节点形式，即生产用地、仓储用地、办公用地和商业用地的中心区，通过分析选择出具有代表性的地区作为节点，从节点中要选择出物流中心，得出地下物流网络的节点分布图。

接下来要确定待选择的网络结构。例如可以分别从使用者利益、开发者利益、城市的发展等不同角度出发，并且根据不同的网络布局模式，得出供选择的网络结构。图 9.6 是地下物流系统网络规划步骤图。

**3. 地下物流系统网络的形态**

按照网络路线与物流中心和配送中心的连接形态，物流网络的布局主要可以分为线状布局结构、环

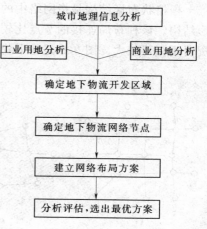

图 9.6 地下物流系统网络规划步骤图

状布局结构、栅格状布局结构、树状布局结构以及混合布局结构。

　　线状布局是指网络路线主要以单一的线型连接各个节点，该布局中物流网络所连接的节点相对较少，因而其开发难度和投资费用也比较小。但是由于对节点的选择性比较大，对城市的整个物流系统而言，其运输容量和连通能力相对较低。图 9.7 是地下物流系统网络的线状布局结构图。

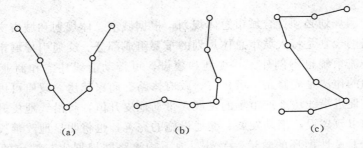

图 9.7　地下物流系统网络的线状布局结构图

　　环状布局是指节点之间以简单的线型连接，构成环形网络。此种布局只连接了环线上的节点，节点数量较少，开发难度和费用不高。但是由于呈环状连接，网络中的每一条路线都十分关键，任意一条出问题都会影响整个网络的连通。图 9.8 是地下物流系统网络的环状布局结构图。

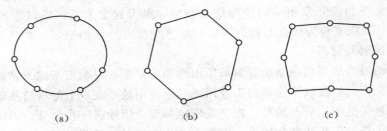

图 9.8　地下物流系统网络的环状布局结构图

　　栅格状布局结构是指网络中的若干线路相互交叉，所构成的网络多为比较规整的多变形结构。该种布局连接的节点比较多，网络的连通度和运输容量比较高，其开发难度和投资费用相对较大。图 9.9 是地下物流系统网络的栅格状布局结构图。

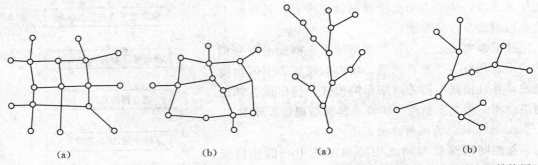

图 9.9　地下物流系统网络的栅格状布局结构图　　图 9.10　地下物流系统网络的树状布局结构图

在树状布局结构中，网络路线呈树状分布，可以连接到较多的节点，但路线对节点有一定的选择性，不构成类似环状布局的回路，连通度较之栅格状网络布局更低。图9.10是地下物流系统网络的树状布局结构图。

将以上的两种或多种布局结有机地结合在一起，成为一个完整的网络结构形式称为混合型布局结构。这种结构所连接的节点较多，网络的连通性比较好，其开发难度和投资费用相对较高。只有充分结合城市的特点，综合利用不同布局模式的优点，因地制宜的规划地下物流系统的网络布局结构，才能达到较好的效果。图9.11是地下物流系统网络的混合型布局结构图。

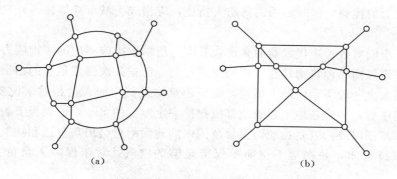

(a)　　　　　　　　　　　　(b)

图 9.11　地下物流系统网络的混合型布局结构图

网络结构的选择只有充分的结合接市的特点，综合利用不同的布局模式的优点，因地制宜的规划地下物流系统的网络布局结构，才能达到较好的效果。

# 9.3　城市地下防空防灾系统规划

## 9.3.1　城市灾害

城市防灾不能仅限于准备几个单个的救灾系统，如消防、急救、工程抢险等，而应把城市防灾作为一个系统工程，针对灾害的复合作用和全面后果，进行综合的防治。要提高城市的总体抗灾抗毁能力，建立完善的城市综合防灾系统，这个系统是城市基础设施的主要组成部分之一，同时涉及城市规划、城市建设和城市民防的许多方面。在建立城市综合防灾体系的过程中，地下空间以其对多种灾害所具有的较强防护能力而受到普遍重视，尤其在城市集聚程度较高的地区，这种优势表现得特别明显。

人类面临的灾害威胁主要有两大类，即自然灾害和人为灾害。自然灾害包括气象灾害（又称大气灾害，如洪水、干旱、风暴、雪暴等）、地质灾害（又称大地灾害，如地震、海啸、滑坡、泥石流、地陷、火山喷发等）和生物灾害（瘟疫、虫害等）；人为灾害有主动灾害（如发动战争、故意破坏等）和意外事故（如火灾、爆炸、交通事故、化学泄漏、核泄漏等）两种。以上列举的各种灾害除旱灾外，对于高度集中的城市人口和城市经济都具有很大的破坏力。

由于城市的地理位置不同，集聚程度和发达程度也不相同，对各个城市构成主要威胁的灾害类型并不一样，更不可能各种灾害同时发生。因此，在研究城市防灾问题时，必须从本城市的具体情况出发。城市本身是一个复杂的系统，任何严重城市灾害的发生和所造成的后果都不可能是孤立或单一的现象，都应当从自然—人—社会—经济这一复合系统的宏观表征和整体效应去理解。城市越大，越现代化，这种特性就表现得越明显，针对这种表征和效应所采取的城市防灾对策和措施，也应当从系统科学的角度，用系统工程的方法加以分析和评价，使之具有总体和综合的特性，这就是城市的总体防灾，作为城市的基本功能之一，就是具备总体抗灾抗毁能力。

因此，当一个城市已经具备合理开发与综合利用地下空间的条件时，充分发挥地下空间在防灾抗灾上的优势，同时加强内部防灾措施，应当成为城市立体化再开发的一项重要内容。

（1）地下空间对各种现代武器的袭击，具有与所采取措施相应的防护能力。

（2）地下建筑物和构筑物具有特殊的抗震性能，已被几次强烈地震的结果所证实。

（3）地面大火一般不会向地下蔓延，地下建筑物及其中的人员相对来说要安全得多。但有两点应当注意，一是在地下建筑顶部应保持一定厚度的覆土，使顶板下表面的温度不致升高到正常范围以外；二是在地面火暴范围内的地面附近会出现负压和缺氧现象，因此地下建筑应保持密闭，并在地下空间中保留足够的空气，对于保障人员的安全是很必要的。

（4）地下空间在城市防灾中的主要缺陷是防洪能力较差，地下空间很容易灌水。如果是因排水能力不足而造成的短时间城市积水，可以通过地下建筑口部的防、排水措施加以阻挡；对于因城市防洪不当而形成的淹没性洪水，可在洪水到来前及时将地下建筑的出入口及其他孔口加以密闭或封墙，使洪水不致灌入。

从长远来看，如果在深层地下空间建设起大规模的贮水系统，则不但可将地面洪水导入地下空间，降低地面水位，而且大量储存的水可用于缓解城市水资源不足的矛盾。

## 9.3.2　城市综合防灾规划

城市安全是城市生存和发展必不可少的前提。各种灾害对城市的破坏作用并不相同，但是在城市规划中，首先应针对可能发生的最严重灾害采取防治措施。从灾害发生的历史来看，使城市居民伤亡最大和使城市破坏最严重的是核武器袭击和强烈地震，而这两种灾害对城市的破坏形态又有一些共同之处。

经历长时期自然发展的城市，其结构与形态已形成一定的格局，有的城市结构有利于抗灾抗毁，如沿江或沿海发展起来的带状城市；而团状结构的城市就不利于防灾，中心区防灾难度更大。城市的规模是城市发展总体规划中的一个重要控制因素，一般是从平时发展的角度，对城市人口、用地、密度、容积率等提出一定的指标，实行宏观控制，但是较少从防灾方面考虑对城市规模的要求。一旦发展规模失控，就会出现城市范围过大，人口和建筑过于密集的情况，不但对城市发展不利，在发生战争和灾害时，毁伤也将更为严重。一般在城市布局中，多按不同功能分成若干个区，如工业区、居住区、中心区等。这种分区比较多地注意了功能上的联系和环境上的要求，较少反映城市防灾的需要。城市布局中的功能分区理论和做法也应有所发展，功能分区也应包括防灾意义上的分区。

　　例如，对于可能发生严重事故的核工业、化学工业、生物工业，以及相应的各种危险品仓库，在城市布局中，都应加以特殊处理；对于可能成为重点袭击目标的设施，应在这些设施之间以及设施与人口稠密地区之间保持足够的距离。城市广场、公共绿地、水面等如果有足够的面积，分布又比较均匀，对抗震、防火等都是有利的。

　　道路网的布置应考虑到平时救灾和战时疏散、抢险等要求。通向疏散安置区的道路应有足够的运载能力，并保证战时仍能畅通；市区的道路应当为防堵塞而保持必要的宽度（指建筑红线间的宽度）。

## 9.3.3　人防工程总体规划编制

### 9.3.3.1　人防工程总体规划编制中的几个问题

#### 1. 城市留城人口比例

　　战时留城人口比例的大小是编制人防工程规划首先应确定的问题，疏散比例及人民防空疏散是城市防空袭的重要手段之一。

　　合理地确定城市战时的留城与疏散比主要有下面几个因素：符合全国人防工作会议明确的有关疏散比例的原则，并与本地实际相结合；符合城区人口和功能结构的实际。早期疏散和临战疏散的对象，主要是老幼病残，学校和重要的科研机构以及科研技术人员。同时，还应根据坚持斗争、坚持生产、坚持工作的需要，保证城市战时功能的正常搭配和正常运转；武器效应对城市人员的杀伤分布。城市人员处于不同的地区所受伤亡是不同的，市中心区伤亡效应最大，人口密度大，应该多予疏散；已建人防工程的数量及根据财力、物力至规划期末或某规划节点可能新建的工程数量等。

#### 2. 城市核毁伤分析

　　城市核毁伤分析对于城市人防建设中的等级标准制定、规划布局等具有重要意义。核打击目标、强度等预测的主要内容有：根据被研究城市在国家中的经济、政治、军事、交通等领域的地位，结合城市内的各种公用、公共、军事等设施的具体布局、相互关系及作用，从入侵方的角度出发（结合其可能的核武器装备配置等情况），预测被研究城市在战争中遭受核打击的可能性，一旦受核打击时其大致被打击位置、打击能量等；核毁伤后果预测核毁伤后果预测一般以城市不设防为条件，有时也可以将城市人防建设现状作为基本条件，主要需预测的内容有：核毁伤效应范围、重要目标毁伤情况、建筑物破坏情况、道路等交通设施被破坏情况、人防工事破坏情况、人员伤亡情况、城市生命线（水、电等）系统破坏情况、可能发生的次生灾害、放射性污染情况。

#### 3. 城市人口疏散方案

　　人员防护的两种手段：一是疏散，二是掩蔽。在疏散问题上仅仅确定了疏散与留城比例是不够的，还要进一步制定人口疏散方案，主要包括两个方面：确定疏散目的地和疏散组织方案。

　　确定疏散目的地应避开核毁伤有效半径；避免当地主导风的下风向；避开主要可能被袭击地区（在核打击范围以外）；避开洪源区和水库、水电站等蓄水防洪设施的下游地区；选择城市辖区以内远近适中、生活资源较丰富的地区。

　　疏散组织方案包括线路；人员集结点（码头、轻轨交通站点、公共绿地、城市各类广场、大型体育场馆、院校操场）；交通工具集结点［主要指汽车，一般可选择城市中规模较大的社会停车库（场）和各类公交停车设施］。

4. 城市人防建设

我国的人防建设的最根本目的在于保持战争威慑力、保存战争潜力、保卫祖国和人民的生命安危。1950 年，党中央提出了"长期准备、重点建设"的方针，以后又提出了"全面规划、突出重点、平战结合、质量第一"的建设方针。1986 年又提出了"长期坚持、平战结合、全面规划、重点建设"的 16 字方针。

城市人防建设的原则包括：人防建设应与城市建设相结合；人防建设必须贯彻"平战结合"的方针；人防建设必须与城市地下空间开发相结合。

城市人防建设的总量确定：城市人防建设的目标总量，一般在城市总体规划或国家人防部门的有关文件中有明确规定和要求。一个城市的人防建设需达到的指标一般以平均每人多少平方米为标准。城市人防建设总量（各类城市人防设施需求量之和）应等于或大于城市人防建设目标。

各类城市人防设施为：指挥通信、医疗救护、专业停车、人员掩蔽（专业队和一般人员）、后勤物资等。

5. 城市人防建设的平战结合

人防工程的平战结合应从两个方面理解和分析：一方面是以人防战备要求为依据提出的各类人防设施的平战两用问题；另一方面是以城市开发建设为目的提出，并修建的各类大型地下民用设施。前者以各类防空地下室为主，后者以地下综合体、地铁、地下街等大型城市设施为主。

人防建筑平时内部环境设计一般包括平面布置、空间设计、建筑构造与装修以及空气环境等。战时内部环境的转换应着重考虑以下三个问题：①空间平面上的战时功能确定，根据平时民用情况来确定战时最可能和最经济的战时使用功能；②防护单元的划分，结合平时使用防火单元的面积划分以及使用功能来确定防护单元的范围；③建筑装修与构造设计以及家具和器具的选用，充分考虑平战功能转换的需要，以及在临战迅速转换的可能性，民用工程平时使用须恰当地在美观、灯光、色彩、饰面材料处理上满足人们所喜爱的空间环境，同时还须考虑防潮、防腐、防火、防震等要求，但应尽可能地考虑到平时与战时相容性，家具、器具要尽量采用可移动式的家具、器具，少用或不用固定式，以便在临战转换时迅速清理内部环境。

### 9.3.3.2　人防工程规划编制思路

城市人防工程是城市人民生命财产安全的重要保障，是提高城市抗御自然灾害和防空抗毁能力的物质基础。随着信息通信技术和城市经济社会的发展，现代战争特点显著变化，城市地下空间开发已成为时代潮流，城市人防建设面临着新的发展形势。当前人防工程规划的基本思路是要通过城市防护要求的确定、城市人防工程建设方向的明确，采用规划单元控制、结合建设的方式，实现城市人防规划目标，满足新时代的城市安全需求。同时，规划应在可行性评估的基础上制定相关实施措施和建设，增强规划对实践的指导作用。

20 世纪 90 年代以来，信息通信技术迅猛发展，人类战争进入信息化时代，武器装备、军事思想和战争形态都发生了前所未有的变化，这对人防工程特别是城市人防工程的防护功能提出了新的要求：经济节点、城市生命线等已成为城市重要的防护目标。为适应新的时代背景，转变城市人防建设思路，寻求新的发展途径，在搞好城市人防工程建设的前提下，增强城市功能、协调城市建设已成为当前城市人防规划建设的主要课题。

### 1. 确定城市防护要求

在经济社会和信息技术高速发展的今天，现代战争是核威慑条件下的高技术局部战争，是一场持续时间较短的局限的战争，空袭与反空袭成为作战的主要样式。同时，现代战争的打击目标也发生了很大的变化，战争双方常将重要的经济节点、城市生命线作为打击目标，旨在通过经济打击达到战争目的。能源、交通、通信等具有战略意义的经济基础设施影响着城市及整个社会的正常运转，这些设施一旦受损就会影响城市居民生活和战争潜力，瓦解对方人心。

现代战争的经济打击使城市防护的范围超出了以往的军事目标，对民用重要设施的防护已成为城市人防建设的重要内容。在城市人防体系中，对于重要的城市防护目标，城市地下指挥中心、重要军事设施直接面临精度高、威力大的精确制导武器的威胁，应由过去应对地面核冲击波的作用转为重点防护钻地弹等新式武器的袭击；地下医院、地下仓库、专业队掩蔽所也应适当提高自身防护能力；用于平民掩蔽的城市一般性防护工程，往往不是直接攻击的目标，应转为预防由于临近目标遭到攻击而受到冲击波的影响、地面高大建筑倒塌产生倒塌荷载等次生灾害。而对于非人防的地下空间，则不考虑其防护功能，但在资金充裕、不影响平时功能的前提下也可以考虑战时措施，进行预留设施设计。

对于城市中的经济打击目标，应在平时建设科学布局，适度分散，降低打击所造成的损失；同时，重要的工厂、车间、设备应专门为之配建相应的人防工程，建设防护目标的专业队，采取隐蔽伪装、空中设障、重要设备疏散等防护措施，保障目标安全。

### 2. 城市人防工程建设的方向

人防工程是城市地下工程的有机组成部分，城市地下空间的整体开发利用是人防工程建设的发展背景和基础。随着地下空间开发利用规模和用途的日益扩大，城市地下空间开发利用将不再是满足某一单项功能，而是立足于城市的整体建设与功能要求，是满足交通、商业、供给、环境、战时防空及平时防灾救灾等多项城市功能的大型综合体。同时，地下空间也不再是一种空间形态的孤立，而是由点、线、面、体等多种形态的空间灵活组合贯通的有机的、丰富的空间整体。因此，地下空间开发利用在技术上的复杂性将会越来越大，必须通过地下空间总体规划来保证城市上下部以及各种地下空间设施之间的协同发展，地下空间整体开发利用与人防工程建设相结合已经成为人防工程建设规划的一个基本立足点。因此，基于地下空间进行人防工程规划与建设，已成为城市人防工程建设规划的基本出发点。在城市总体规划的框架下，协调人防工程与各类地下空间设施的空间关系、建设时序等，在宏观上与城市的发展战略目标保持一致，在技术上使地下空间与地面空间协调发展，既可以抓住城市化进程中地下空间开发利用的大好时机，又可以快速增加人防工程建设数量，改善人防工程建设质量。同时，通过对地下空间的整体开发利用，拓展了城市发展空间，完善了城市各类功能的协调发展。

### 3. 城市人防工程布局的单元控制

城市人防工程与其他城市建设工程一样，规划的关键在于规划对具体实践的指导能力。为了提高规划的可操作性，城市人防规划应充分考虑与该市城市总体规划的协调性，并引入城市控制性详细规划中规划单元及控制单元思想，将具体的人防工程与控制单元内的功能需求相结合，根据规划单元内人口指标、用地指标、功能布局等来布局相应的人防设施，增强该规划与各层面规划的整合协调。

规划单元可以以街道办事处和外围乡镇的行政管辖范围为基础，结合城市道路或自然界线围合的城市建设用地来划分。控规单元则是在规划单元基础上划分，以社区范围、城市用地属性为基础，结合城市道路或自然界线围合而成的城市建设用地，它是规划编制与管理体系的基本单位，未来控规成果的使用、数据维护、修改等都必须以控规单元为基本单位整体进行。人防规划通过将各类人防工程设施与控规单元紧密结合，通过将规划指标落实到具体的地域范围，提高地方各部门对人防建设任务的认识，增强规划的执行力度。

**4. 城市人防工程的结合建设**

人防工程的结合建设是指在统筹兼顾、紧密结合、互为补充、共同发展的原则下进行的人防工程的建设与地下空间的开发利用，既满足地下空间平时开发利用，又兼顾人民防空需要，它是当前人防工程建设的主导形式。

根据城市功能布局和人防建设要求，一般城市广场、绿地体系、综合管廊、地下通道等是人防工程与地下空间开发相结合的主要分布区域。在通常情况下，城市内部的广场绿化规模比较大，而且更新周期短，改造费用低，它的地下空间开发为人防工程的建设提供了较大的发展余地，适合作为其发展的一个主要方向。综合管廊是新建城区地下管线敷设方式的发展方向，将成为城市地下空间开发利用的重要组成部分之一，因此，无论综合管廊的建设是在本规划的规划期内还是规划期外，我们都必须坚持一个原则：有条件兼顾人民防空需要的综合管廊，在设计施工的同时应综合考虑人防防护措施，应征求人防以及其他管理部门的意见和建议，逐步走向城市地下空间的一体化、合理化、综合化、系统化，使综合管廊的施工、建设和管理等能够有机地结合在一起。城市地下通道包括地下过街通道、下穿道路、过河隧道等地下民用建筑，这也是城市地下空间利用的一种常见形式。另外，部分城市地下生产设施也可进行功能的平战转换，如地下变电站、地下油库等。

另外，从各类人防工程间的布局关系来看，需加强综合人防工事的布局要求。综合人防工事是指多个防护等级相同的单项人防工事组合而成的人防工事，它通过各类工事的有机配合、协调作战，可解决人防布局战时需求和平时利用两者之间的矛盾。在综合人防工事周围，应根据各分区特点及用地状况，布置与该区规模适当的单项人防工事，包括街道指挥所、人员隐蔽部、物资储备库、医疗救护站、专业停车库等。其中，单项人防工事的布局应充分满足就近疏散掩蔽需求，服务半径适中，并与所处用地性质充分结合，以便平时的充分利用，体现平战结合，提高综合经济效益。

**5. 规划可行性评估**

列举我国某市人防规划实例进行分析，该规划对某市 8 年以上的相关数据进行分析，这些数据包括全市范围内申报结建审批的开工地上建筑总面积、缴纳易地建设费地上建筑总面积、建设防空地下室地上建筑总面积、收取易地建设费数额、防空地下室建设数量、总开工量收取易地建设费比率、总开工量建设防空地下室比率、实际平均收取易地建设费标准、实际平均防空地下室建设百分比等九项指标；采用回归分析、主成分分析等方法分析近年来城市人防建设的基本情况和发展规律，并据此对未来人防工程建设的开工量、实际平均防空地下室建设百分比、结建工程比例等进行预测，重点预测近期内不同结建率下各年度可建成的防空地下室、人防工程建设的总量。

对城市人防工程建设的资金投入进行分析，结合不同时期人防工程建设总量，考虑物价水平变化，计算出人防工程建设所需资金总量，制定资金统筹方案，通过拓宽融资渠道，加大人防工程建设经费的投入，加大人防建设经费的筹集和收缴力度等措施，保证不同类型人防工程建设的资金投入总量。

对于历年竣工未验收工程，应继续督促建设单位增加投入；新建结建工程，由建设单位按照结建政策，与地面民用建筑同步修建，所需资金，纳入建设项目投资计划；新建单建式平战结合人防工程，可通过招商引资、多渠道融资等途径修建；人防指挥工程由财政拨款解决，医疗救护、防空专业队工程由相关的职能部门和社会力量组织修建，建设资金纳入固定资产投资计划，由建设部门统筹安排。其他地下空间开发项目则应鼓励多元化融资。另外，人防部门应准备适当的资金，不断进行人防工程的维修和加固。

通过对某市人防规划的上述相关分析，可得出以下评估结论：近远结合的人防工程建设模式需要以结建为主，结合城市建设项目及地下空间开发利用，以平战结合为指导，降低人防工程建设成本；在规划实施过程中，要加大政府对人防的总投资（包括财政投资和人防专项资金投资），转变以人防养人防的传统模式，走社会效益与经济效益相结合的人防发展道路，制定切实可行的政策，鼓励民间资本加大对地下空间及人防工程进行投资；加强人防建设的部门合作，各部门宜根据自己的职能范围承担部分人防职责，如各部门组建不同的专业队，而人防部门只负责专业队工程的建设管理。总体来看，规划人防工程建设总量与城市经济发展及城市总体规划相协调，只要策略适当，规划期内可如期实现。

6. 规划实施措施建议

为了使整个人防规划具有较好的可行性，规划目标得以实现，需要结合城市建设的实际情况，从法制保障、资金筹措、宣传教育、工程管理、技术研发等方面制定规划实施措施并提出实施建议。建立相应的规划法规体系，明确界定地下空间开发利用中各相关行使主体的责、权、利，从而为有效解决人民防空、城市交通、市政设施、城市防灾、土地紧缺等问题提供法律上的支持。采取政策宣传、利益引导等措施办法，充分调动社会各方投资开发利用人防工程建设项目的热情。倡导人防宣传教育，增强人民群众的国防观念和人防意识。加强人防建设管理，严格执行人防工程项目的建设程序。针对现代高技术局部战争条件下人防建设面临的新情况、新问题，建立现代化的人防科研、人才培养和理论研究体系，加强重点经济目标防护等方面的理论和技术研究，不断提高人防建设的效益和质量。

# 附录  城市地下空间开发利用管理规定

1997 年 10 月 27 日建设部令第 58 号发布，2001 年 11 月 20 日根据《建设部关于修改〈城市地下空间开发利用管理规定〉的决定》修正。

## 第一章  总  则

第一条  为了加强对城市地下空间开发利用的管理，合理开发城市地下空间资源，适应城市现代化和城市可持续发展建设的需要，依据《中华人民共和国城市规划法》及有关法律、法规，制定本规定。

第二条  编制城市地下空间规划，对城市规划区范围内的地下空间进行开发利用，必须遵守本规定。

本规定所称的城市地下空间，是指城市规划区内地表以下的空间。

第三条  城市地下空间的开发利用应贯彻统一规划、综合开发、合理利用、依法管理的原则，坚持社会效益、经济效益和环境效益相结合，考虑防灾和人民防空等需要。

第四条  国务院建设行政主管部门负责全国城市地下空间的开发利用管理工作。

省、自治区人民政府建设行政主管部门负责本行政区域内城市地下空间的开发利用管理工作。

直辖市、市、县人民政府建设行政主管部门和城市规划行政主管部门按照职责分工，负责本行政区域内城市地下空间的开发利用管理工作。

## 第二章  城市地下空间规划

第五条  城市地下空间规划是城市规划的重要组成部分。各级人民政府在组织编制城市总体规划时，应根据城市发展的需要，编制城市地下空间开发利用规划。

各级人民政府在编制城市详细规划时，应当依据城市地下空间开发利用规划对城市地下空间开发利用作出具体规定。

第六条  城市地下空间开发利用规划的主要内容包括：地下空间现状及发展预测，地下空间开发战略，开发层次、内容、期限，规模与布局，以及地下空间开发实施步骤等。

第七条  城市地下空间的规划编制应注意保护和改善城市的生态环境，科学预测城市发展的需要，坚持因地制宜，远近兼顾，全面规划，分步实施，使城市地下空间的开发利用同国家和地方的经济技术发展水平相适应。城市地下空间规划应实行竖向分层立体综合开发，横向相关空间互相连通，地面建筑与地下工程协调配合。

第八条  编制城市地下空间规划必备的城市勘察、测量、水文、地质等资料应当符合国家有关规定。承担编制任务的单位，应当符合国家规定的资质要求。

第九条  城市地下空间规划作为城市规划的组成部分，依据《城市规划法》的规定进行审批和调整。

144

城市地下空间建设规划由城市人民政府城市规划行政主管部门负责审查后，报城市人民政府批准。

城市地下空间规划需要变更的，须经原批准机关审批。

## 第三章 城市地下空间工程建设

第十条 城市地下空间的工程建设必须符合城市地下空间规划，服从规划管理。

第十一条 附着地面建筑进行地下工程建设，应随地面建筑一并向城市规划行政主管部门申请办理选址意见书、建设用地规划许可证、建设工程规划许可证。

第十二条 独立开发的地下交通、商业、仓储、能源、通信、管线、人防工程等设施，应持有关批准文件、技术资料，依据《城市规划法》的有关规定，向城市规划行政主管部门申请办理选址意见书、建设用地规划许可证、建设工程规划许可证。

第十三条 建设单位或者个人在取得建设工程规划许可证和其他有关批准文件后，方可向建设行政主管部门申请办理建设工程施工许可证。

第十四条 地下工程建设应符合国家有关规定、标准和规范。

第十五条 地下工程的勘察设计，应由具备相应资质的勘察设计单位承担。

第十六条 地下工程设计应满足地下空间对环境、安全和设施运行、维护等方面的使用要求，使用功能与出入口设计应与地面建设相协调。

第十七条 地下工程的设计文件应当按照国家有关规定进行设计审查。

第十八条 地下工程的施工应由具备相应资质的施工单位承担，确保工程质量。

第十九条 地下工程必须按照设计图纸进行施工。施工单位认为有必要改变设计方案的，应由原设计单位进行修改，建设单位应重新办理审批手续。

第二十条 地下工程的施工，应尽量避免因施工干扰城市正常的交通和生活秩序，不得破坏现有建筑物，对临时损坏的地表地貌应及时恢复。

第二十一条 地下工程施工应当推行工程监理制度。

第二十二条 地下工程的专用设备、器材的定型、生产应当执行国家统一标准。

第二十三条 地下工程竣工后，建设单位应当组织设计、施工、工程监理等有关单位进行竣工验收，经验收合格的方可交付使用。

建设单位应当自竣工验收合格之日起15日内，将建设工程竣工验收报告和规划、公安消防、环保等部门出具的认可文件或者准许使用文件报建设行政主管部门或者其他有关部门备案，并及时向建设行政主管部门或者其他有关部门移交建设项目档案。

## 第四章 城市地下空间工程管理

第二十四条 城市地下工程由开发利用的建设单位或者使用单位进行管理，并接受建设行政主管部门的监督检查。

第二十五条 地下工程应本着"谁投资、谁所有、谁受益、谁维护"的原则，允许建设单位对其投资开发建设的地下工程自营或者依法进行转让、租赁。

第二十六条 建设单位或者使用单位应加强地下空间开发利用工程的使用管理，做好工程的维护管理和设施维修、更新，并建立健全维护管理制度和工程维修档案，确保工程、设备处于良好状态。

第二十七条　建设单位或者使用单位应当建立健全地下工程的使用安全责任制度，采取可行的措施，防范发生火灾、水灾、爆炸及危害人身健康的各种污染。

第二十八条　建设单位或者使用单位在使用或者装饰装修中不得擅自改变地下工程的结构设计，需改变原结构设计的，应当由具备相应资质的设计单位设计，并按照规定重新办理审批手续。

第二十九条　平战结合的地下工程，平时由建设或者使用单位进行管理，并应保证战时能迅速提供有关部门和单位使用。

## 第五章　罚　则

第三十条　进行城市地下空间的开发建设，违反城市地下空间的规划及法定实施管理程序规定的，由县级以上人民政府城市规划行政主管部门依法处罚。

第三十一条　有下列行为之一的，县级以上人民政府建设行政主管部门根据有关法律、法规处罚。

（一）未领取建设工程施工许可证擅自开工，进行地下工程建设的；

（二）设计文件未按照规定进行设计审查，擅自施工的；

（三）不按照工程设计图纸进行施工的；

（四）在使用或者装饰装修中擅自改变地下工程结构设计的；

（五）地下工程的专用设备、器材的定型、生产未执行国家统一标准的。

第三十二条　在城市地下空间的开发利用管理工作中，建设行政主管部门和城市规划行政主管部门工作人员玩忽职守、滥用职权、徇私舞弊，依法给予行政处分；构成犯罪的，依法追究刑事责任。

## 第六章　附　则

第三十三条　省、自治区人民政府建设行政主管部门、直辖市人民政府建设行政主管部门和城市规划行政主管部门可根据本规定制定实施办法。

第三十四条　本规定由国务院建设行政主管部门负责解释。

第三十五条　本规定自 1997 年 12 月 1 日起施行。

# 参 考 文 献

［1］ 童林旭，祝文君．城市地下空间资源评估与开发利用规划．北京：中国建筑工业出版社，2009．
［2］ 童林旭．地下建筑学．济南：山东科学技术出版社，1994．
［3］ 王文卿．城市地下空间规划与设计．南京：东南大学出版社，2000．
［4］ 耿永常，赵晓红．城市地下空间建筑．哈尔滨：哈尔滨工业大学出版社，2001．
［5］ 亢亮．城市中心规划设计．北京：中国建筑工业出版社，1991．
［6］ 陈志龙，王玉北．城市地下空间规划．南京：东南大学出版社，2005．
［7］ 陈志龙，刘宏．城市地下空间总体规划．南京：东南大学出版社，2011．
［8］ 钱七虎，陈志龙，王玉北，刘宏．地下空间科学开发与利用．南京：江苏科学技术出版社，2007．
［9］ 陈志龙，伏海艳．城市地下空间布局与形态探讨．地下空间与工程学报，2005（1）．
［10］ 王珺．城市中心广场地下空间综合开发研究．西安建筑科技大学硕士学位论文，2009．
［11］ 张悦．下沉广场城市设计研究．同济大学工学硕士学位论文，2007．
［12］ 陈志龙，诸民．城市地下步行系统平面布局模式探讨．地下空间与工程学报，2007（3）．
［13］ 蔡夏妮．城市地下步行系统规划设计初探．山西建筑．2006（20）．
［14］ 李雅芬．当前居住小区地下停车库规划与设计的优化研究．西安建筑科技大学硕士学位论文，2010．
［15］ 戴慎志．我国城市基础设施工程规划的发展趋势．城市规划汇刊，2000（3）．
［16］ 张悦．北京旧城历史文化保护区地下空间开发利用研究．北京工业大学工学硕士学位论文，2005．
［17］ 马仕，束昱．地下物流在上海的发展前景研究．现代隧道技术，2006年增刊．
［18］ 钱七虎，郭东军．城市地下物流系统导论．北京：人民交通出版社，2007．
［19］ 杨章贤，秦川．基于地下空间开发的城市人防规划思路探讨．规划创新：2010年中国城市规划年会论文集，2010．
［20］ John Zacharias．许玫，译．地下系统推动蒙特利尔中心城区的经济发展．国际城市规划，2007（6）．